光伏电站运维现场
操作案例教程

主　编　王东霞　孙巧智　张媛媛
副主编　韩烨华　刘文天　陈圣林　李建勇

同济大学 出版社
TONGJI UNIVERSITY PRESS
·上海·

内 容 提 要

本书根据高职高专教育的特点，按照光伏电站运维现场工作程序和运维要求进行教材教学设计，实现理论教学与实践教学相统一、能力培养与岗位需求相统一，可满足学习者职业发展需求。

本书共分为5个项目，分别为光伏电站基础设备的安全与使用、光伏电站主要设备的运行与维护、光伏电站的运行与维护、光伏电站设备故障的检测与处理、光伏电站运行与维护实训案例。本书较为全面地介绍了并网光伏电站运行与维护方面的相关知识和技能，采用真实工作过程的情境图像和简洁明快、浅显易懂的文字描述，并根据任务实施的环节，创设学习问题，展示学习内容，环环相扣，将教学内容、信息资源、教学评价、课后思考题等融为一体。

本书重点突出、层次分明、可读性强，可作为高等职业技术学院、高等专科学校、民办高等学校、成人高等学校、成人自学的光伏电站运维相关课程教材，也可作为相关专业工程技术人员的参考用书。

图书在版编目（CIP）数据

光伏电站运维现场操作案例教程/王东霞，孙巧智，张媛媛主编. —上海：同济大学出版社，2022.11
 ISBN 978-7-5765-0483-5

Ⅰ.①光… Ⅱ.①王… ②孙… ③张… Ⅲ.①光伏电站-运行-高等职业教育-教材②光伏电站-维修-高等职业教育-教材 Ⅳ.①TM615

中国版本图书馆CIP数据核字（2022）第220894号

光伏电站运维现场操作案例教程
Guangfu Dianzhan Yunwei Xianchang Caozuo Anli Jiaocheng

主 编 王东霞 孙巧智 张媛媛 **副主编** 韩烨华 刘文天 陈圣林 李建勇
责任编辑 任学敏 **助理编辑** 夏晗丹 **责任校对** 徐春莲 **封面设计** 陈益平

出版发行	同济大学出版社　　www.tongjipress.com.cn	
	（地址：上海市四平路1239号　邮编：200092　电话：021-65985622）	
经　销	全国各地新华书店	
排　版	南京文脉图文设计制作有限公司	
印　刷	常熟市华顺印刷有限公司	
开　本	787mm×1092mm　1/16	
印　张	13	
字　数	324 000	
版　次	2022年11月第1版	
印　次	2022年11月第1次印刷	
书　号	ISBN 978-7-5765-0483-5	
定　价	49.00元	

本书若有印装质量问题，请向本社发行部调换　　版权所有　侵权必究

前　言

党的二十大报告指出，中国式现代化是人与自然和谐共生的现代化，要推进美丽中国建设，推动绿色发展，加快发展方式绿色转型，积极稳妥推进碳达峰碳中和，实现经济社会绿色化、低碳化、高质量发展。推动光伏产业发展，既是深入践行绿色低碳发展理念的内在要求，也是推进能源革命、建设安全高效的新型能源体系的客观需要。国家"十四五"规划提出，要大力提升光伏发电规模，建设一批多能互补的清洁能源基地，使非化石能源占能源消费总量比重提高到 20% 左右。当前，我国光伏产业发展进入新阶段。2022 年，我国光伏大基地建设及分布式光伏应用稳步提升，光伏产业规模持续增长，光伏组件产量、多晶硅产量、光伏新增装机量、光伏累计装机量已连续多年位居全球首位。光伏电站的运行与维护直接关系光伏发电效能，培养一批高素质的光伏电站运维技能人才，是提升光伏发电设备产能的重要手段。

本书结合光伏电站工作人员实际岗位需求，采用真实光伏电站运维现场情境，进行项目任务式教学内容设计。全书共有 5 个工作项目，分别是光伏电站基础设备的安全与使用、光伏电站主要设备的运行与维护、光伏电站的运行与维护、光伏电站设备故障检测与处理、光伏电站运行与维护实训案例，涵盖了真实工作现场的全工作过程。每个项目下设有子任务，并对任务内容进行分析，提供相应的任务资讯及任务实施指导，还配有实训评价表及任务思考题，环环相扣，引导学习者掌握工作技能，提高实践能力。

本书遵循工作过程的系统化，符合工作过程的逻辑要求，符合学生的认知规律和技能养成规律，力求做到理论教学与实践教学统一、能力培养与岗位需求统一，可满足学习者职业发展需求。

本书由王东霞、孙巧智、张媛媛任主编，韩烨华、刘文天、陈圣林、李建勇任副主编，全书由王东霞统稿。其中，项目一由王东霞编写，项目二由孙巧智编写，项目三由韩烨华编写，项目四由张媛媛编写，项目五由刘文天编写。本书的部分图片和数据表格由陈圣林、李建勇制作。

本书在编写过程中参考了大量书籍、论文和标准文献，在此对相关作者致以诚挚的谢意。

由于编者水平有限，书中错漏和不妥之处在所难免，敬请广大读者批评指正。

编　者

2022 年 10 月

目 录

前言

项目一　光伏电站基础设备的安全与使用 …………………………………………………… 001
 任务一　安全用电与节约用电 ………………………………………………………… 003
  子任务一　安全用电 ……………………………………………………………… 003
  子任务二　节约用电 ……………………………………………………………… 008
 任务二　光伏电站运维常用工具与仪表的使用 ……………………………………… 011
  子任务一　光伏电站运维常用工具的使用 ……………………………………… 011
  子任务二　光伏电站运维常用仪表的使用 ……………………………………… 019

项目二　光伏电站主要设备的运行与维护 …………………………………………………… 032
 任务一　光伏发电系统的组成与运行 ………………………………………………… 034
  子任务一　光伏发电系统的原理与组成 ………………………………………… 034
  子任务二　光伏发电系统运行 …………………………………………………… 039
 任务二　光伏组件的运行与维护 ……………………………………………………… 043
  子任务一　光伏组件的运行 ……………………………………………………… 043
  子任务二　光伏组件的维护 ……………………………………………………… 050
 任务三　光伏汇流箱的运行与维护 …………………………………………………… 058
  子任务一　光伏汇流箱的运行 …………………………………………………… 058
  子任务二　光伏汇流箱的维护 …………………………………………………… 065
 任务四　光伏控制器的运行与维护 …………………………………………………… 068
  子任务一　光伏控制器的运行 …………………………………………………… 068
  子任务二　光伏控制器的维护 …………………………………………………… 071
 任务五　光伏逆变器的运行与维护 …………………………………………………… 076
  子任务一　光伏逆变器的运行 …………………………………………………… 076
  子任务二　光伏逆变器的维护 …………………………………………………… 081
 任务六　光伏配电柜的运行与维护 …………………………………………………… 087
  子任务一　光伏配电柜的运行 …………………………………………………… 087

子任务二　光伏配电柜的维护 ································· 090
　任务七　光伏变压器的运行与维护 ································· 093
　　子任务一　光伏变压器的运行 ································· 093
　　子任务二　光伏变压器的维护 ································· 098

项目三　光伏电站的运行与维护 ································· 102

　任务一　光伏电站运维组织与管理 ································· 104
　　子任务一　光伏电站运维人员组织管理 ························· 104
　　子任务二　光伏电站运维管理制度 ····························· 110
　任务二　光伏电站控制室的运行与维护 ··························· 121
　　子任务一　光伏电站控制室的主要构成部分及功能 ··············· 121
　　子任务二　光伏电站控制室的工作制度与操作规定 ··············· 124
　任务三　光伏电站运行与维护操作要求与巡检内容 ··················· 135
　　子任务一　光伏电站运维的操作要求 ··························· 135
　　子任务二　光伏电站运维的巡检项目 ··························· 142

项目四　光伏电站设备故障的检测与处理 ··························· 151

　任务一　光伏电站直流侧故障检测与处理 ··························· 153
　　子任务一　光伏阵列常见故障检测与处理 ······················· 153
　　子任务二　直流汇流箱及配电柜常见故障检测与处理 ············· 159
　任务二　光伏电站逆变器故障检测与处理 ··························· 163
　　子任务　光伏电站逆变器常见故障检测与处理 ··················· 163
　任务三　光伏电站交流侧故障检测与处理 ··························· 169
　　子任务一　光伏电站箱变断路器故障检测与处理 ················· 169
　　子任务二　光伏电站箱变压器故障检测与处理 ··················· 173
　任务四　防雷与接地故障检测与处理 ······························· 177
　　子任务　防雷与接地故障检测与处理 ··························· 177

项目五　光伏电站运行与维护实训案例 ····························· 186

　任务一　1.1 MWp 并网光伏电站案例分析 ························· 188
　任务二　8 kW 智能微电网项目案例分析 ·························· 195

参考文献 ·· 201

项目一

光伏电站基础设备的安全与使用

 项目目标

素质目标

1. 培养学生安全用电和节约用电的意识;
2. 培养学生分析问题、解决问题的能力;
3. 培养学生立足岗位、忠于职守的工作作风;
4. 培养学生遵章守纪、安全生产的职业纪律。

知识目标

1. 掌握人体允许的安全电压和安全电流;
2. 掌握触电的类型及原因;
3. 掌握安全用电和节约用电的措施;
4. 掌握触电的急救方法;
5. 掌握光伏电站维修工具和测量仪表的使用方法和注意事项。

能力目标

1. 能够安全用电和节约用电;
2. 能够对触电人员进行有效急救;
3. 能够正确使用光伏电站维修工具和测量仪表。

项目导图

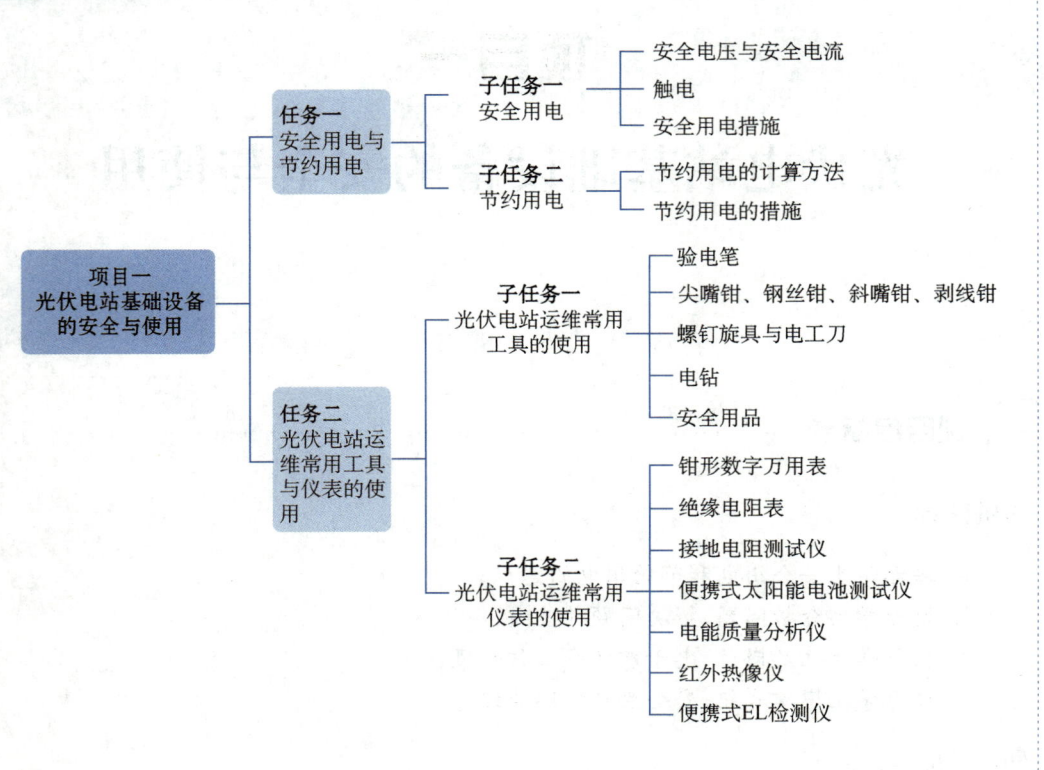

任务一
安全用电与节约用电

子任务一　安全用电

◆ 任务背景

在火灾高发季节，电气设备、燃气使用不当容易引发火灾。如果光伏电站的运维没有及时跟进，一旦因遮挡产生热斑现象，极易造成火灾。且夏季雷雨天气较多，雷电、台风等天气现象对各类光伏电站也是一大考验。2018 年 3 月下旬，北京一小学的户用光伏电站发生起火事故。2018 年 3 月 27 日，吉林白城某山地在开春烧荒，风助火势迅速蔓延至周边的光伏电站，造成巨大的财产损失。2018 年 4 月 3 日，位于甘肃省白银市靖远县的北滩镇杜寨村光伏电厂 550 V 高压变电箱燃起熊熊烈焰，周围电路复杂，并且变电器底下存有 1.5 t 的变压器油，如果未能及时灭火，后果不堪设想！

◆ 任务分析

光伏电站的发电效益离不开安全生产，电站工作人员安全用电是安全生产的重要保障。为了保障电站工作人员的生命安全和电站设备安全，我们要学习安全用电。如果在生活或者工作中遇到有人触电，我们要能运用口对口人工呼吸和胸外心脏按压等方法对触电者施救。通过本任务的学习，同学们将掌握相关知识与技能。

◆ 任务资讯

一、安全电压与安全电流

1. 安全电压

安全电压一般是指人体较长时间接触而不致发生触电危险的电压。国家规定 42 V、36 V、24 V、12 V、6 V 为安全电压。实际工作中应根据使用环境、使用人员和使用方式等因素选用电压值。在有触电危险的场所，使用的手持电动工具等可采用 42 V；久热高温的建筑物内可采用 36 V；在特别潮湿，有腐蚀性蒸汽、煤气或游离物的场所及使用某些人体可能偶然触及的带电设备时，可选用 24 V、12 V、6 V 作为安全电压。

2. 安全电流

我国规定，当工频为 50 Hz 时，流过人体的电流不得超过 10 mA，因此，10 mA 为安全电流。电流强度越大，致命危险越大；持续时间越长，死亡的可能性越大。在一定概率下，通过人体引起人的任何感觉的最小电流值称为感知电流，交流为 1 mA，直流为 5 mA；人触电后能自己摆脱的最大电流称为摆脱电流，交流为 10 mA，直流为 50 mA；在较短的时间内危及生命的电流称为致命电流，如 100 mA 的电流通过人体 1 s，足以致死，因此致命电流为 100 mA。在有触电保护装置的情况下，人体允许通过的电流一般可按 30 mA 考虑。

二、触电

人体触及带电体，或带电体与人体之间由于距离近、电压高产生闪击放电或电弧，烧伤人体表面造成人体伤害，都称为触电。触电分电击、电伤两种。电击是指电流通过人体或动物躯体产生化学效应、机械效应、热效应及生理效应而导致伤害；电伤是指由电流的热效应、化学效应、机械效应对人体外部组织或器官造成局部伤害，如电灼伤、金属溅伤、电烙伤。最危险的触电类型是电击，绝大多数触电死亡事故是由电击造成的。

1. 单相触电

单相触电是指在地面上或其他接地体上，人体的某一部分触及带电设备或线路中的某相带电体时，一相电流通过人体经大地回到中性点引起的触电。常见的单相触电多为电工操作人员在工作中操作失误、工作不规范、安全防护不到位，或非电工专业人员用电安全意识不到位等引起的。

（1）作业疏忽或违规操作易引发单相触电事故。电工操作人员连接线路时，因为操作不慎，手碰到线头引起单相触电事故；或是因为未在线路开关处悬挂警示标志和留守监护人员，致使不知情人员闭合开关，导致正在操作的人员发生单相触电。

（2）设备安全措施不完善易引发单相触电事故。电工操作人员进行作业时，若工具绝缘失效、绝缘防护措施不到位、未正确佩戴绝缘防护工具等，极易与带电设备或线路碰触，造成单相触电事故。

（3）安全防护不到位易引发触电事故。电工操作人员在进行线路调试或维修过程中，未穿戴绝缘手套、绝缘鞋等防护器具，碰触到裸露的电线（正常工作中的配电线路有电流流过），造成单相触电事故。

（4）安全意识薄弱易引发触电事故。电工作业的危险性要求所有电工操作人员必须具备强烈的安全意识，安全意识薄弱易引发单相触电事故。

2. 两相触电

两相触电是指人体两处同时触及两相带电体（三根相线中的两根）所引起的触电事故。这时人体承受的是 380 V 交流电压，危险程度远大于单相触电，轻则烧伤或致残，重则致死。

3. 跨步触电

高压输电线掉落到地面上时，由于电压很高，因此电线断头会使一定范围（半径为 8～10 m 的圆）内的地面带电。以电线断头处为中心，离电线断头越远，电位越低。如果此时有人走入这个区域，则会造成跨步电压触电，步幅越大，造成的危害也越大。

三、安全用电措施

光伏电站工作人员在进行电气操作时必须按规程进行，具备相关安全知识，在工作中采取必要的安全措施，确保人身安全和电气设备正常运行。

1. 组织措施

（1）在电气设备的设计、制造、安装、运行、使用和维护以及专用保护装置的配置等环节，要严格遵守国家规定的标准和法规。

（2）加强安全教育，普及安全用电知识。

（3）建立、健全安全规章制度，如安全操作规程、电气安装规程、运行管理规程、维护检修制度等，并在实际工作中严格执行。

2. 技术措施

（1）对建筑物和电工设备采取一定的保护措施。例如，电工设备的接地、保护接零、带电导体的遮拦、挂安全色标等。

（2）对工作人员的防护措施。例如，在不停电情况下进行工作时，须使用安全工具，保持一定的安全距离和保证人体不触电的安全电压。

（3）对高压电设备及附近的工作人员采取的保护措施。例如，采用接地、屏蔽等措施，防止静电感应和高压电场对人体的影响。

（4）对生产中各种设备产生的静电的防护措施。

任务实施

一、实训材料与工具

心肺复苏模拟人 10 个，消毒纱布面巾（可用湿巾代替）、脱脂棉球、酒精、镊子等若干。

二、实训步骤

触电急救的基本原则是动作迅速、方法正确。

1. 迅速脱离电源

人体触电以后，可能由于痉挛或失去知觉等原因而紧抓带电体，不能自己摆脱电源。抢救触电者的首要步骤就是使触电者尽快脱离电源。

使触电者脱离电源的方法：

（1）立即断开闸刀或拔掉插头，切断电源。注意，普通的电灯开关（如拉线开关）只能关断一根线，有时关断的不是相线，并未真正切断电源。

(2) 找不到开关或插头时,可用绝缘的物体(如干燥的木棒、竹竿、手套等)将电线拨开。

(3) 用绝缘工具(如带绝缘部位的电工钳、木柄斧头以及锄头等)切断电线。

(4) 遇高压触电事故,立即联系有关部门停电。

总之,要因地制宜,灵活运用各种方法,快速切断电源,防止事故扩大。

2. 现场急救方法

当触电者脱离电源后,应根据触电者的具体情况迅速对症救护,力争在触电后 1 min 内进行救治。国内外一些资料表明,在触电后 1 min 内进行救治的,90%以上有良好的效果;而超过 12 min 再开始救治的,触电者基本无生还的可能。现场应用的主要方法是口对口人工呼吸和体外心脏按压法,严禁打强心针。

(1) 口对口人工呼吸法。用人工的方法代替肺的呼吸活动,使空气有节律地进入和排出肺脏,供给体内足够的氧气,充分排出二氧化碳,维持触电者正常的通气功能。

(2) 胸外心脏按压法。是指有节律地对心脏按压,用人工的方法代替心脏的自然搏动,维持血液循环,使心脏恢复搏动功能。

触电者一般有以下 4 种症状,可分别给予正确的对症救治:

(1) 神志尚清醒,但心慌力乏,四肢麻木。该类触电者一般只需将其扶到清凉通风之处休息,让其自然慢慢恢复。但要派专人照料护理,因为有的触电者在几小时后会发生病变而突然死亡。

(2) 有心跳,但呼吸停止或极微弱。该类触电者应该采用口对口人工呼吸法进行急救。人工呼吸法可按下述口诀进行:清理口腔防堵塞,鼻孔朝天头后仰,贴嘴吹气胸扩张,放开口鼻换气畅。频率约 12 次/min。

(3) 有呼吸,但心跳停止或极微弱。该类触电者应该采用胸外心脏按压法来恢复触电者的心跳。一般可以按下述口诀进行:当胸一手掌,中指对凹膛,掌根用力向下压,压下突然收。频率约 60~80 次/min。

(4) 心跳、呼吸均已停止者。该类触电者面临的生命危险最大,抢救的难度也最大。应该同时使用以上两种方法,即"人工氧合"的方法。最好是两人一起抢救,如果仅有一人抢救时,应先吹气 2~3 次,再挤压心脏 15 次,如此交替反复进行。

三、实训评价

根据表 1-1-1 对学生完成本次工作实训任务的表现进行评价。

表 1-1-1 实训评价表

任务	评价标准	配分	得分
使触电者脱离电源	(1) 使触电者脱离电源方法有误：扣 1~5 分 (2) 不能使触电者脱离电源：扣 1~10 分	15 分	
诊断触电者	(1) 诊断方法不正确：扣 1~5 分 (2) 诊断结果有误：扣 1~10 分	15 分	
口对口人工呼吸急救	(1) 施救准备工作不合理：扣 1~10 分 (2) 操作步骤丢失或不准确：扣 1~10 分 (3) 操作质量不高：扣 1~10 分	30 分	
胸外心脏按压急救	(1) 施救准备工作不合理：扣 1~10 分 (2) 操作步骤丢失或不准确：扣 1~10 分 (3) 操作质量不高：扣 1~10 分	30 分	
安全文明生产	(1) 不能及时整理现场和器具：扣 1~5 分 (2) 不能与周围同学密切合作：扣 1~5 分	10 分	
合计		100 分	

学生自评：

学生签字：　　　　　年　　月　　日

教师评价：

教师签字：　　　　　年　　月　　日

◆ 任务思考

安全用电是非常重要的。通过本任务的学习，同学们已经掌握了如何安全用电，但是作为光伏电站的工作人员，仅仅了解这些是远远不够的。

如果你是光伏电站的工作人员，你还需要掌握哪些安全用电的措施？

子任务二 节约用电

任务背景

电力是我国现代化建设的重要动力资源,是工、农业生产的重要物质基础。电力紧张、电力供需矛盾突出是我国面临的一个严重问题。从我国电能消耗的情况来看,70%以上的电能消耗在工业部门,所以工厂节能是重点。节约电能,不只是减少工厂的电费开支,降低工业产品的生产成本,更重要的是,由于电能创造更多的工业产值,因此多节约一度电,就能为国家创造更多的财富,有力地促进国民经济的发展。

任务分析

光伏电站一般地处野外深山,电站供电线路长、发电设备分布广,可以通过合理选择传输电缆的横截面积、变压器、无功功率补偿等技术措施,以及培养光伏电站工作人员节约用电的良好习惯,实现节约电能的目的。本任务要求同学们通过计算电灯开一晚上需要消耗多少电,了解节约用电的重要性。

任务资讯

一、节约用电的计算方法

1. 用电量定额比较法

$$节约电量(kW \cdot h) = 本期产量 \times (单耗定额指标 - 实际用电单耗)$$

得正数为节电,得负数为费电。

2. 用电单耗同期比较法

$$节约电量(kW \cdot h) = 本期产量 \times (以前同期单耗 - 本期实际单耗)$$

得正数为节电,得负数为费电。

3. 同期产值单位耗电计算法

$$节约电量(kW \cdot h) = 本期实际产值 \times [以前同期单位产值用电量(kW \cdot h/万元) - 本期单位产值用电量(kW \cdot h/万元)]$$

此法适合产品繁多、不易计算产品单耗的企业使用,得正数为节电,得负数为费电。

4. 单项措施节电效果的计算法

节约电量(kW·h)＝(改进前所需功率－改进后使用功率)×使用时间×推广台数

二、节约用电的措施

随着我国社会主义建设事业的发展，各行业的用电需求日益增长。为了满足日益增长的用电需求，除了增加发电量外，还必须注意节约用电，使每一度电都能发挥最大效用，从而降低生产成本。

节约用电的具体措施主要有下列5项：

(1) 发挥用电设备的效能。例如，电动机和变压器通常在接近额定负载时运行效率最高，轻载时效率较低。为此，必须选择合适的功率。

(2) 提高线路和用电设备的功率因数。提高功率因数的目的在于发挥发电设备的潜力和减少输电线路的损耗。工矿企业的功率因数一般要求达到0.9以上。

(3) 降低线路损耗。要降低线路损耗，除提高功率因数外，还必须合理选择导线截面，适当缩短大电流负载（例如电焊机）的连线，保持连接点紧接，安排三相负载接近对称等。

(4) 技术革新。例如，电车上采用晶闸管调速代替电阻调速，可节电20%左右；电阻炉上采用硅酸铝纤维代替耐火砖作保温材料，可节电30%左右；采用精密铸造后，可使铸件的耗电量大大减小；采用节能灯后，耗电大、寿命短的白炽灯亦将被淘汰。

(5) 加强用电管理，特别是节约照明用电。

任务实施

一、实训材料与工具

灯泡10个，钳形数字万用表10台，电线20根，交流电源10台。

二、实训步骤

1. 正确连接电路，使灯泡点亮。
2. 用钳形数字万用表测量灯泡两端的电流和电压。
3. 计算灯泡的功率和使用一晚上消耗的电量。

三、实训评价

根据表 1-1-2 对学生完成本次工作实训任务的表现进行评价。

表 1-1-2　实训评价表

任务	评价标准	配分	得分
连接电路	(1) 电路连接有误：扣 1~15 分 (2) 灯泡不亮：扣 1~15 分	30 分	
测量电流和电压	(1) 电流测量错误：扣 1~15 分 (2) 电压测量错误：扣 1~15 分	30 分	
计算功率	(1) 灯泡功率计算错误：扣 1~20 分 (2) 一晚上灯泡消耗电量计算错误：扣 1~20 分	40 分	
合计		100 分	
学生自评： 学生签字：　　　　　　年　　月　　日			
教师评价： 教师签字：　　　　　　年　　月　　日			

◆ 任务思考

节约用电，人人有责。作为光伏电站的工作人员，你还有什么措施可以节约用电？

任务二
光伏电站运维常用工具与仪表的使用

子任务一 光伏电站运维常用工具的使用

◇ 任务背景

光伏电站的运维常用工具主要是指拆装、检修各类设备和元器件时使用的工具。

◇ 任务分析

光伏电站的运维人员肩负着维护整个电站正常运转的重要使命,电工工具的使用是必不可少的。通过本任务的学习,同学们将学会安全帽和安全带的使用、绝缘手套和绝缘鞋的使用、标识牌的选择与使用、验电笔和钳子的使用等。

◇ 任务资讯

一、验电笔

1. 高压验电笔

高压验电笔是用来检查高压网络变配电设备、架空线、电缆是否带电的工具(图1-2-1)。高压验电笔是一个用绝缘材料制成的空心管,管内串联有氖气灯泡和电容器(低压验电笔为电阻),当电压高于 1 kV 时,验电笔因电容电流而发光。使用高压验电笔时,须戴橡皮手套,最好站在橡皮毯或绝缘站台上,或穿上橡皮靴,这样比较安全可靠。

2. 低压验电笔

低压验电笔通常有钢笔式和螺钉旋具式两种,它的前端是金属探头,后部塑料外壳内装有气泡、安全电阻和弹簧,尾端有金属端盖或钢笔形金属挂鼻,是使用时手必须触及的部位,其外形和基本结构如图1-2-2所示。当用低压验电笔测试带电体时,电流经带电体、电笔、人体及大地形成通电回路,只要带电体与大地之间的电

图 1-2-1 高压验电笔

位差超过 60 V,验电笔中的氖管在电场的作用下就会发光。普通低压验电笔的电压测量范围为 60~500 V。

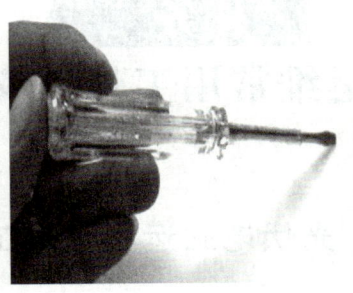

图 1-2-2　低压验电笔

二、尖嘴钳、钢丝钳、斜嘴钳、剥线钳

电工常用的尖嘴钳、钢丝钳、斜嘴钳、剥线钳如图 1-2-3—图 1-2-6 所示。它们的绝缘柄耐压应为 1 000 V 以上。

 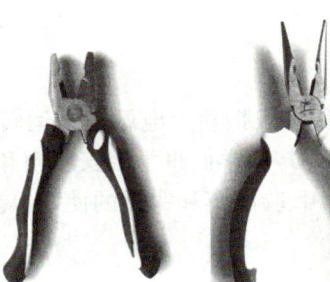 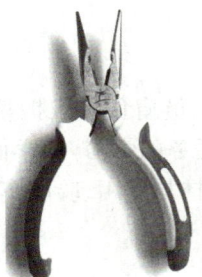 

图 1-2-3　尖嘴钳　　图 1-2-4　钢丝钳　　图 1-2-5　斜嘴钳　　图 1-2-6　剥线钳

三、螺钉旋具与电工刀

螺钉旋具(改锥、起子)如图 1-2-7 所示,是光伏电站中常用的工具之一。按照其刀尖的不同形状,分为一字形和十字形螺钉旋具,其柄把由木头或塑料做成。电工常用的螺钉旋具长度有 50 mm、100 mm、150 mm 和 300 mm 4 种。

图 1-2-7　螺钉旋具

电工刀(图1-2-8)是电工常用的切削工具。普通的电工刀由刀片、刀刃、刀把、刀挂等构成。不用时,把刀片收缩到刀把内。刀片根部与刀柄相铰接,其上带有刻度线及刻度标识;前端为螺丝刀刀头,两面为锉刀面区域,刀刃上有一段内凹形弯刀口,弯刀口末端形成刀口尖,刀柄上设有防止刀片退弹的保护钮。电工刀的刀片有多项功能,使用时只需一把电工刀便可完成连接导线的各项操作,无须携带其他工具,具有结构简单、使用方便、功能多样等特点。

图1-2-8 电工刀

四、电钻

电钻是利用电作动力的钻孔工具。电钻主要规格有4 mm、6 mm、8 mm、10 mm、13 mm、16 mm、19 mm、23 mm、32 mm、38 mm、49 mm等,该数值指电钻在抗拉强度为390 N/mm^{2}的钢材上钻孔的钻头最大直径;在有色金属、塑料等材料上的最大钻孔直径可比原规格大30%~50%。图1-2-9所示为手电钻,图1-2-10所示为冲击钻。

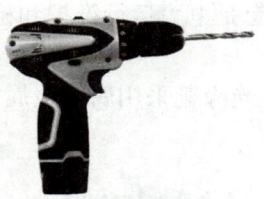 

图1-2-9 手电钻　　　　　图1-2-10 冲击钻

五、安全用品

安全生产是光伏电站运行的永恒主题,电力安全工器具是从事电力生产工作人员在生产过程中防止触电、灼伤、高空坠落、摔跌等事故发生和保障人身安全的必不可少的专用工具,是保障光伏发电项目正常安全运行的必要设施。

1. 安全帽、安全带

安全帽是指对人头部受坠落物及其他特定因素引起的伤害起防护作用的帽子。安全帽由帽壳、帽衬、下颏带及附件等组成,如图1-2-11所示。

安全带是用于防止坠落事故发生的"保险带",它是高空作业时防止操作人员失误发生人身事故的"救命带"(图1-2-12)。因此,凡在坠落高度基准面2 m及以上的高处进行作业,必须佩戴安全带。

 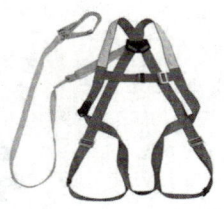

图1-2-11 安全帽　　　　　图1-2-12 安全带

2. 梯子

梯子是光伏电站工作人员安装、维修电气设备的必备工具之一。梯子有直梯（图 1-2-13）和人字梯（图 1-2-14）两种。

图 1-2-13 直梯

图 1-2-14 人字梯

3. 绝缘手套、绝缘靴

绝缘手套又称高压绝缘手套，是用绝缘橡胶或乳胶经压片、模压、硫化或浸模成型的五指手套（图 1-2-15），主要用于电工作业。绝缘手套是电力运行维护和检修试验中常用的安全工器具和重要的绝缘防护装备。

绝缘靴又称高压绝缘靴、矿山靴（图 1-2-16）。绝缘靴采用腐蚀金属板为中垫，钢制防锈内包头，靴型符合人体力学的原理。

图 1-2-15 绝缘手套

图 1-2-16 绝缘靴

4. 安全围栏、安全标识牌

安全围栏主要用于限制在电力场所特定范围内的活动，从而达到消除、减少安全隐患的目的（图 1-2-17）。安全围栏根据使用场所的不同而有围网、围栏以及警示带等种类。

图 1-2-17 安全围栏

安全标识牌是出于安全考虑而设置的指示牌,以减少安全隐患,如图1-2-18所示。

图1-2-18 安全标识牌

任务实施

一、实训材料与工具

电工用安全帽10个,四点式安全带10副,验电笔10个,12 kV绝缘手套和绝缘靴各10双,剥线钳10个,常用标识牌10个。

二、实训步骤

1. 高压验电笔

使用高压验电笔验电前,一定要认真阅读使用说明书,检查高压验电笔使用是否超周期、外表是否损坏。拿到GDY(过电压继电器)型高压验电笔后,首先应观察电转指示器叶片是否有脱轴现象,脱轴者不得使用。然后轻轻摇晃电转指示器,其叶片应稍有摆动,证明器件良好;然后检查报警部分,确认能发出报警音响。注意:高压验电笔不能检测直流电压。

在使用高压验电笔进行验电时,必须认真执行操作监护制,一人操作,一人监护。操作者在前,监护人在后。使用验电笔时,必须注意其额定电压要和被测电气设备的电压等级相适应,否则可能会危及操作人员的人身安全或造成错误判断。

另外,在验电的时候,操作人员一定要戴绝缘手套、穿绝缘靴,防止跨步电压或接触电压对人体的伤害。操作人员应手握罩护环以下的握手部分,先在有电设备上进行检验。检验时,应渐渐地移近带电设备至验电笔发光或发声止,以验证验电笔的完好。然后再在需要进行验电的设备上检测。同杆架设的多层线路验电时,应先验低压,后验高压;先验下层,后验上层。

2. 低压验电笔

(1)氖管式验电笔。氖管式验电笔通常由笔尖(工作触头)、电阻、氖管、弹簧和笔身等组成。验电笔一般利用电容电流经氖管灯泡发光的原理制成,故也称发光型验电笔。低压验电笔在使用中须注意以下4点:

① 使用前应在确认有电的设备上进行试验,确认验电笔良好后方可进行验电。在强

光下验电时,应采取遮挡措施,以防误判断。

② 验电笔可区分相线和地线。接触电线时,使氖管发光的线是相线,氖管不亮的线为地线或中性线。

③ 验电笔可区分交流电和直流电。使氖管式验电笔氖管两极发光的是交流电;一极发光的是直流电,且发光的一极是直流电源的负极。

④ 验电笔还可以判断电压的高低。如果氖管发亮至黄红色,则电压较高;如氖管发暗微亮至暗红色,则电压较低。

值得注意的是,不得随便拔掉或损坏验电笔工作触头金属部位的绝缘手套保护管,防止在测量电源时,手指误碰工作触头金属部位,导致触电伤害事故的发生。

(2) 数字式验电笔。数字式验电笔由笔尖(工作触头)、笔身、指示灯、电压显示、电压感应通电检测按钮、电压直接检测按钮、电池等组成。数字式验电笔除了具有氖管式验电笔通用的功能,还有以下特点:

① 当右手指按断点检测按钮,并将左手触及笔尖时,若指示灯发亮,则表示正常工作;若指示灯不亮,则应更换电池。

② 测试交流电时,切勿按电子感应按钮。将笔尖插入相线孔时,指示灯发亮,则表示有交流电;需要显示电压时,则按检测按钮,最后显示数字为所测电压值;未到高段显示值75%时,显示低段值。

3. 尖嘴钳、钢丝钳、斜嘴钳、剥线钳

使用钳子时,应将钳口朝内侧,便于控制钳切部位,小指伸在两钳柄中间抵住钳柄,张开钳头,这样分开钳柄较灵活。电工常用的钢丝钳有 150 mm、175 mm、200 mm 及 250 mm 等多种规格。钳子的齿口也可用来紧固或拧松螺母。钳子的刀口可用来剖切软电线的橡皮或塑料绝缘层,也可用来切剪电线、铁丝。剪 8 号镀锌铁丝时,应用刀刃绕表面来回割几下,然后只需轻轻一扳,铁丝即断。铡口也可以用来切断电线、钢丝等较硬的金属线。

钳子的绝缘塑料管耐压 500 V 以上,可以带电剪切电线。使用中切忌乱扔,以免损坏绝缘塑料管。切勿把钳子当锤子使用。不可用钳子剪切双股带电电线,否则会导致短路。用钳子缠绕抱箍固定拉线时,钳子齿口应夹住铁丝,以顺时针方向缠绕。

修口钳,俗称尖嘴钳,也是电工尤其是内线电工常用的工具之一。它主要用来剪切线径较细的单股与多股线以及给单股导线接头弯圈、剥塑料绝缘层等。用尖嘴钳弯导线接头的操作方法是:先将线头向左折,然后紧靠螺杆依顺时针方向向右弯即可。

剥线钳为内线电工、电机修理工、仪器仪表电工常用的工具之一。它适用于塑料、橡胶材质的绝缘电线、电缆芯线的剥皮。使用方法是:将待剥皮的线头置于钳头的刃口中,用手将两钳柄一捏,然后一松,绝缘皮便与芯线脱开。

4. 螺钉旋具

螺钉旋具使用注意事项如下:

(1) 电工不可使用金属杆直通柄顶的螺钉旋具,以避免触电事故的发生。

(2) 用螺钉旋具拆卸或紧固带电螺栓时,手不得触及螺钉旋具的金属杆,以免发生触电事故。

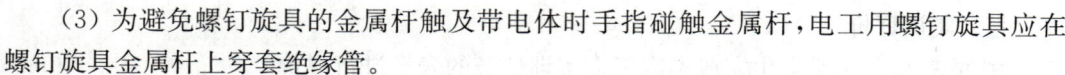

(3) 为避免螺钉旋具的金属杆触及带电体时手指碰触金属杆,电工用螺钉旋具应在螺钉旋具金属杆上穿套绝缘管。

5. 电工刀

电工刀使用注意事项:

(1) 切忌把刀刃垂直对着导线切割绝缘层,这样容易割伤电线线芯。

(2) 电工刀的刀刃部分要磨得锋利才好剥削电线,但不可太锋利,太锋利容易削伤线芯;磨得太钝,则无法剥开绝缘层。

(3) 要剥开双芯护套线的外层绝缘,可以用刀刃对准两芯线的中间部位,把导线一剥为二。

(4) 圆木与木槽板或塑料槽板的吻接凹槽,可采用电工刀在施工现场切削。

(5) 用一只手托住圆木,另一只手持多功能电工刀的锯片,可锯割木条、竹条、塑料槽板。

(6) 在硬杂木上拧螺钉很费劲时,可先用多功能电工刀上的锥子锥个洞,这时拧螺钉便省力多了。

(7) 圆木上需要钻穿线孔,可先用锥子钻出小孔,然后用扩孔锥将小孔扩大,以便较粗的电线穿过。

(8) 应将刀口朝外剖削,并注意避免伤及手指。

(9) 使用完毕,随即将刀身折进刀柄。

(10) 电工刀刀柄是无绝缘保护的,不能在带电导线或器材上剥削,以免触电。

6. 电钻

在使用电钻之前,应先准备好大小合适的钻头,并转动电钻下方齿轮的转环;然后松开电钻的夹头,增加夹柱之间的缝隙后,即可在夹头内放入钻头;旋紧钻头上面的小孔后,插上电源,接着按下电钻把手上的电源开关,按得越重,电钻的转动速度就越快。

电钻使用注意事项:

(1) 在使用电钻的过程中,应确保在采光充足的地方使用电钻,以免因光线不好引发安全事故。此外,切勿在易燃易爆的环境中使用电钻,如有易燃液体及易燃粉尘的环境等,因为电钻在使用时会产生火花,从而点燃液体及粉尘。

(2) 在使用电钻的时候,不能通过拉扯电线移动电钻的位置,一旦出现电线缠绕或者损坏的情况,应立即切断电源,不能继续使用电钻,以免出现触电事故。使用电钻时,应佩戴护目镜等安全设备,最好戴上安全帽。

(3) 在对电钻进行调节之前,如更换附件,应将电钻插头拔下,避免在调节钻头的过程中,出现电钻突然启动而对操作者的人身安全造成威胁的情况。

三、实训评价

根据表 1-2-1 对学生完成本次工作实训任务的表现进行评价。

表 1-2-1　实训评价表

任务	评价标准	配分	得分
安全帽与安全带的使用	(1) 佩戴不正确：扣 1~10 分 (2) 检查不正确：扣 1~10 分	20 分	
绝缘手套和绝缘鞋的使用	(1) 使用不正确：扣 1~10 分 (2) 检查不正确：扣 1~10 分	20 分	
标识牌的使用与选择	(1) 悬挂不正确：扣 1~10 分 (2) 选择不正确：扣 1~10 分	20 分	
验电笔的使用	(1) 使用不正确：扣 1~10 分 (2) 检查不正确：扣 1~10 分	20 分	
钳子的使用	(1) 使用不正确：扣 1~10 分 (2) 检查不正确：扣 1~10 分	20 分	
合计		100 分	
学生自评： 　　　　　　　　　　　　　　　　　学生签字：　　　　　年　　月　　日			
教师评价： 　　　　　　　　　　　　　　　　　教师签字：　　　　　年　　月　　日			

任务思考

如果你是光伏电站的工作人员，你还需要掌握哪些工具的使用？

子任务二　光伏电站运维常用仪表的使用

任务背景

光伏电站在运行、维护过程中,会经常用到测量仪表。因此,测量仪表的使用是光伏电站工作人员必须熟练掌握的一项重要技能。

任务分析

在光伏电站运维中会用到各种仪表,这些仪表如同光伏电站工作人员的双手,为电站的正常运行提供了重要的保障。通过本任务的学习,同学们将学会各种电阻测量表的使用,包括接地电阻测试仪、太阳能电池测试仪、电能质量分析仪、红外热像仪、EL 检测仪等。

任务资讯

一、钳形数字万用表

在日常的电气工作中,常常需要测量用电设备、电力导线的负荷电流值。通常在测量电流时,须将被测电路断开,将电流表或电流互感器的原边串接到电路中进行测量。为了在不断开电路的情况下测量电流,就需要使用钳形数字万用表。钳形数字万用表俗称钳表、卡表(图 1-2-19),它的最大特点是不需要断开被测电路,就能够实现对被测导体中电流的测量。所以,特别适合不便于断开线路或不允许停电的测量场合。同时,该表结构简单、携带方便,因此,在光伏电站电气工作中得到广泛应用。

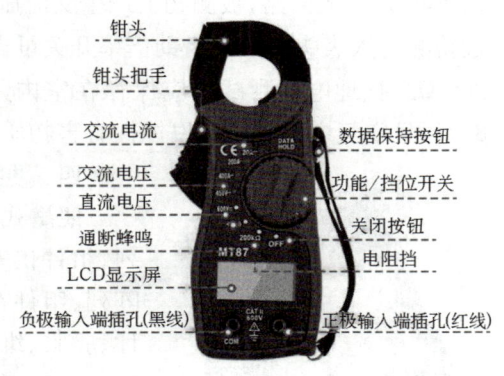

图 1-2-19　钳形数字万用表

二、绝缘电阻表

我们一般将绝缘电阻表称作兆欧表,它的标度单位是兆欧,因此得名(图 1-2-20)。绝缘电阻表主要由 3 部分构成,分别是直流高压发生器、回路测量装置以及显示装置。直流高压发生器能够将电源提供的电能转化为直流高电压,现在的直流高压发生器多是利用振荡式晶体管或者脉宽调制器来产生高压电流,还有一种方法就是采用市电变压器进行合流,得到直流高压。回路测量装置由流比计表头组成,流比计表头主要由线圈以及指针组成,线圈一般有 2 个,一个连接在电源上,另一个连接在回路上,根据流经线圈的回路电量的大小,指针相应地转动。加上显示的表盘,人们就能够轻而易举地测量出回路中的电压值。

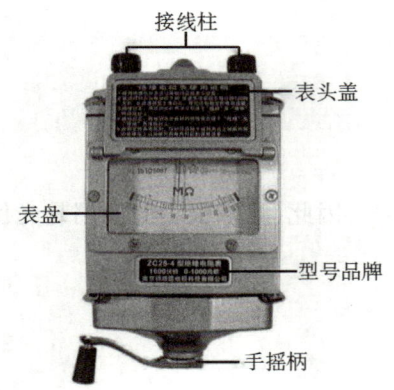

图 1-2-20　绝缘电阻表

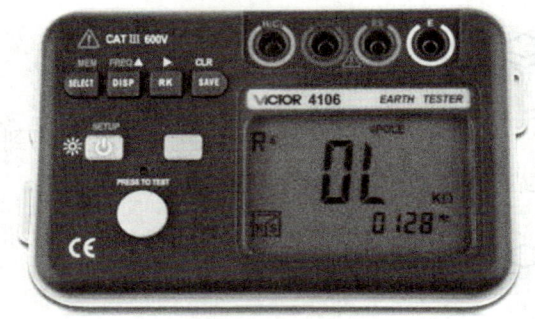

图 1-2-21　接地电阻测试仪

三、接地电阻测试仪

接地电阻测试仪摒弃了传统的人工手摇发电工作方式,采用先进的中大规模集成电路,应用 DC/AC(直流/交流)变换技术将三端钮、四端钮测量方式合并在一种机型上,是一种新型数字接地电阻测试仪(图 1-2-21),适用于电力、邮电、铁路、通信、矿山等部门测量各种装置的接地电阻以及测量低电阻的导体电阻值,还可测量土壤电阻率及地电压。其原理为由机内 DC/AC 变换器将直流电变为交流电的低频恒流,经过辅助接地极 C 和被测物 E 组成回路,被测物上产生交流压降,经辅助接地极 P 送入交流放大器放大,再经过检测送入表头显示。借助倍率开关可得到 3 个不同的量程:0～2 Ω、0～20 Ω 以及 0～200 Ω。接地电阻测试仪应保存在室内,其环境温度保持在 0～40 ℃,相对湿度不超过 80%,且空气中不能含有腐蚀性有害物质。

四、便携式太阳能电池测试仪

便携式太阳能电池测试仪主要用于户外太阳能电池阵列、组件伏安特性测试,能够方便、快速地测试太阳能电池阵列、组件在自然光照下的工作特性,可为太阳能电站设计、验收、维护提供测试保障,是电站建设单位、质检部门、生产厂家、科研单位等必备的检测工具。图 1-2-22 所示为 AV6591 便携式太阳能电池测试仪。AV6591 便携式太阳能电池测试仪附带环境温度、电池板温度、辐照度等测试探头,能够全面记录测试的环境状态。测试仪主机采用便携式设计,具备防尘、防溅水功能,并采用高亮、阳光下可视彩色液晶,适应户外工作需求。主机内置用户熟悉的 Microsoft Windows 系统操作界面,测试结果直观明确,为用户提供一流的操作体验。

图 1-2-22　AV6591 便携式太阳能电池测试仪

五、电能质量分析仪

电能质量分析仪(图1-2-23)是对电网运行质量进行检测及分析的专用便携式产品,可以提供电力运行中的谐波分析及功率品质分析,能够对电网运行进行长时间的数据采集监测。同时配备电能质量数据分析软件,可对上传至计算机的测量数据进行各种分析。

电能质量分析仪主要由5部分组成,分别为测量变换模块、模数转换模块、数据处理模块、数据管理模块以及外围模块。其中,测量变换模块由电压互感器、电流互感器以及信号调理电路组成;数据处理模块包含DSP(Digital Signal Processor,数字信号处理器)以及外部存储器SDRAM (Synchronous Dynamic Random-Access Memory,同步动态随机存取内存)与FLASH(闪存);外围模块由显示、存储以及通信子模块组成。

图1-2-23 电能质量分析仪

电网信号经过电压/电流互感器、信号调理电路转变为符合ADC(Analog to Digital Converter,模拟数字转换器)输入要求的小幅值电压信号;模数转换模块用于将小幅值电压信号转变为数字信号,并将其传送至数据处理模块;数据处理模块以DSP作为运算核心,对ADC的采样信号进行数据处理,从而计算得到电压偏差、频率偏差、谐波、三相不平衡度、电压闪变等电能质量参数;数据管理模块用于对数据处理模块计算得到的各项电能质量参数进行数据管理,完成显示、存储以及通信等人机交互功能。

六、红外热像仪

红外线是指波长比红色可见光更长的电磁辐射,在整个电磁辐射的范围内处于可见光和微波之间。任何物体在任何情况下,只要它的温度高于绝对零度(约-273 ℃),都在不断地发射出电磁波,只不过人的眼睛对这些波长热辐射不敏感而无法看到。这时,依靠热像仪就能看到这些热辐射,并进一步实现成像测温。

物体的温度越高,它所发射出的电磁波的能量就越大,峰值波长就越短。太阳的表面温度是6 000 K,它的峰值波就处于可见光的范围内。我们白天可以看到物体和物体的颜色,就是因为我们看到了这些物体反射的太阳光。一般物体在没有加热时辐射的峰值波长大约为10 μm,是不可见的远红外线。

图1-2-24 红外热像仪

红外热像仪(图1-2-24)所看到的图像不是彩色的,因为热像仪所探测到的辐射已经不在彩色的可见光范围之内,它只是将物体发射出的强度不同的红外辐射转换成明暗不同的信号显示在电视屏幕上,看上去很像是黑白电视的图像。在工业用热像仪中,为了在温度测量时更加直观,一般都采用伪彩色的处理方法,使原来黑白色的热图像变成为彩色。但这不是物体本来的颜色,它所代表的只是物体各部分的温度不同,所发射出来的红外辐射的强度不同而已。经过测温标定后,红外热像仪便可以显示出物体的温度。

七、便携式EL检测仪

光伏电池的内部缺陷会严重影响光伏电池板的使用寿命和长

期发电效率，甚至会引起现场火灾，以至于对业主方造成严重的经济损失。而便携式 EL（Electroluminescent，电致发光）检测仪（图 1-2-25）是检测光伏电站及移动式电池组件的检测设备，能够准确检测出光伏太阳能板内部的质量问题，包括断栅、隐裂、破片、碎片、虚焊、烧结网纹、黑芯、黑边、混档、低效率片、边缘过刻、衰减、热斑衰减等。

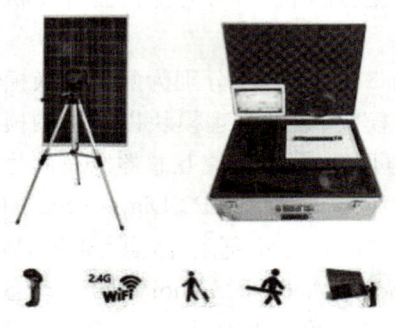

图 1-2-25 便携式 EL 检测仪

任务实施

一、实训材料与工具

钳形数字万用表 10 台，绝缘电阻表 10 个，接地电阻测试仪 5 台，便携式太阳能电池测试仪 2 台，电能质量分析仪 2 台，红外热像仪 2 台，便携式 EL 检测仪 2 台。

二、实训步骤

1. 光伏系统中如何使用钳形数字万用表

在光伏系统中，电气系统是最容易出故障的，所以安装完成之后，不能马上就合闸并网，先要测试一下系统是否安全合格，再并网运行。如果系统安装时存在短路、漏电等问题，必须要全部找出来，并一一排除。并网运行后，再检测系统的电流、电压、电阻、功率和温度是否正常。系统出现故障时，需要依次检测组件、电缆、接头、逆变器、电气开关各个设备的状况，判断是否正常。而这些问题都可以通过钳形数字万用表完成。

（1）并网前检测。检测组件的电压，如果每一个组串的数值相同而且没有阴影遮挡，其电压也应该差不多。要特别注意正负极不能反接。组串正极对地的电压和负极对地电压数值要一致。

（2）并网后检测。检测光伏输入电流，如果每一个组串的数值相同而且没有阴影遮挡，则每一路输入电流应该相差不大。检测光伏输出电流，三相电每一相电流应该相差不大。

检测温度：一般电缆比环境温度高 5～10 ℃，电缆接头比环境温度高 10～20 ℃，逆变器外壳比环境温度高 10～20 ℃，逆变器散热器比环境温度高 10～30 ℃，电气开关比环境温度高 15～20 ℃，如果超过较多，说明有故障。

2. 如何利用钳形数字万用表判断光伏系统中的故障

例 1：逆变器屏幕没有显示。

故障分析:没有直流电输入,逆变器 LCD(Liquid Crystal Display,液晶显示器)是由直流电供电的。

解决办法:用万用表电压挡测量逆变器直流电输入电压。电压正常时,总电压是各组件电压之和。如果没有电压,依次检测直流电开关、接线端子、电缆接头、组件等是否正常。如果有多路组件,要分开单独接入测试。

例 2:隔离故障,屏幕显示 PV(Photovoltaic,光伏)绝缘阻抗过低。

故障分析:光伏系统对地绝缘电阻小于 2 MΩ。可能原因是太阳能组件、接线盒、直流电缆、逆变器、交流电缆、接线端子等地方有电线对地短路或者绝缘层被破坏,或 PV 接线端子和交流接线外壳松动,导致进水。

解决办法:断开电网、逆变器,用万用表依次检查各部件电线对地的电阻,正常值应大于 10 MΩ。找出问题点,并更换。

例 3:接地故障,逆变器显示接地故障。

故障分析:光伏组串中间某一块组件的连接线与地相接。

解决办法:用万用表电压挡测量组件正负极对地的电压。正常情况下,如果系统电压是 600 V,那么组件正极对地的电压是"+300 V",组件负极对地的电压是"−300 V";如果检测到正极对地的电压是"+244 V",就表示从正极端向前数,第 8 块到第 9 块组件之间的连接线出了问题。

3. 绝缘电阻表的使用

(1)测试绝缘性能。此项试验是所有电气设备都需要做的一项安全性能试验,以观察该设备的电路部分与金属外壳、支架等非带电部分之间的绝缘层是否可靠。试验的结果关系到人身和设备的安全。具体测试的方法是,先在光伏电池电路的正负终端之间施加直流电压,然后用专用的绝缘电阻测试仪表测量光伏电池电路和金属基板之间的电阻值。值得注意的是,一旦绝缘电阻值很小,导致出现低阻通路或电弧放电的现象,要防止光伏电池或阻塞二极管因电压过高而被毁坏。所以该试验最好选用限流在几个毫安小电流的绝缘电阻测试设备(一般绝缘电阻都比较高)。绝缘试验之前要将光伏电池或阻塞二极管两端电极用导线短接起来,以免遭到损坏。

(2)光伏直流侧对地绝缘故障检查方法。检测目的是判断光伏并网发电系统直流侧对地绝缘故障原因,锁定故障点,以排除对地绝缘故障。绝缘值应符合 CGC/GF003.1:2009《并网光伏发电系统工程验收基本要求》中对光伏方阵绝缘阻值测试的规定,测试结果应符合表 1-2-2 中的要求。

表 1-2-2 光伏方阵绝缘阻值测试值

系统电压/V	调试电压/V	最小绝缘电阻/MΩ
120	250	0.5
<600	500	1
<1 000	1 000	1

检查方法：

方法1——使用直流柜绝缘监测仪测量对地绝缘电阻。

直流母线绝缘值测量可使用直流柜绝缘监测仪，按照如图1-2-26所示的步骤操作。

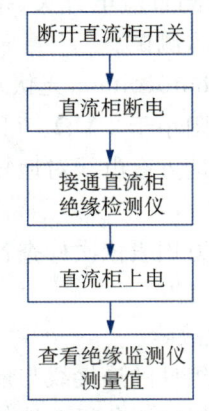

图1-2-26　方法1步骤

若直流柜绝缘监测仪测量结果与逆变器测量结果误差不超过10%，可判定逆变器绝缘监测仪无故障。若直流柜绝缘监测仪测量结果小于1 MΩ，按照方法3步骤（图1-2-28）查找故障点。

方法2——使用绝缘摇表（1 000 V）测量。

直流母线绝缘值测量应选择在夜间光伏阵列不发电的情况下，使用绝缘摇表（1 000 V）测试，如图1-2-27所示。

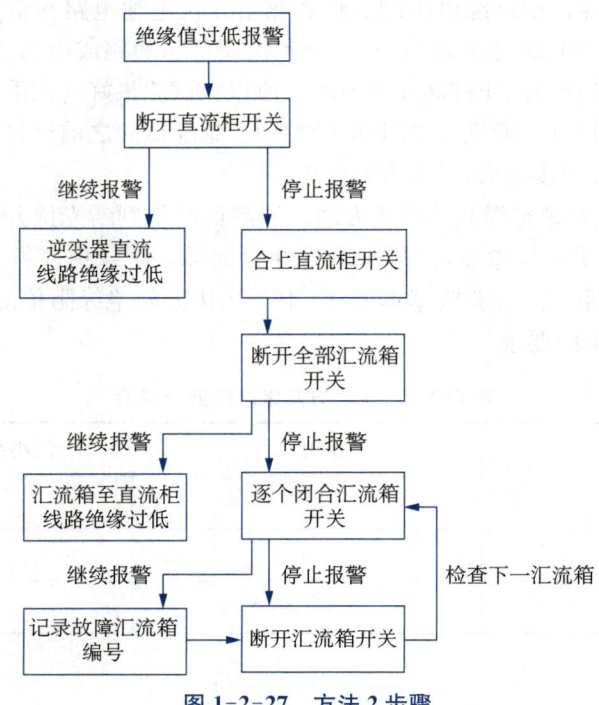

图1-2-27　方法2步骤

若使用绝缘摇表测量结果与逆变器测量结果误差不超过10%,可判定逆变器绝缘监测仪无故障。若绝缘摇表测量结果小于1 MΩ,按照方法3步骤查找故障点。

方法3——在预算充足情况下,可购置光伏阵列专用在线绝缘检测设备进行测量。

在发生绝缘值过低报警时,采用排除法,按照图1-2-28所示步骤逐项确定故障点。

在对汇流箱进行检查时,若在汇流箱处检查到直流母线对地绝缘过低的情况,按照图1-2-29所示方法锁定故障组串。

若现场有条件,可将光伏阵列内开关断开,在夜晚光伏不发电的情况下,使用绝缘摇表对有绝缘异常线路、组件串、设备进行仔细测量,测量前应对被测对象进行放电处理。

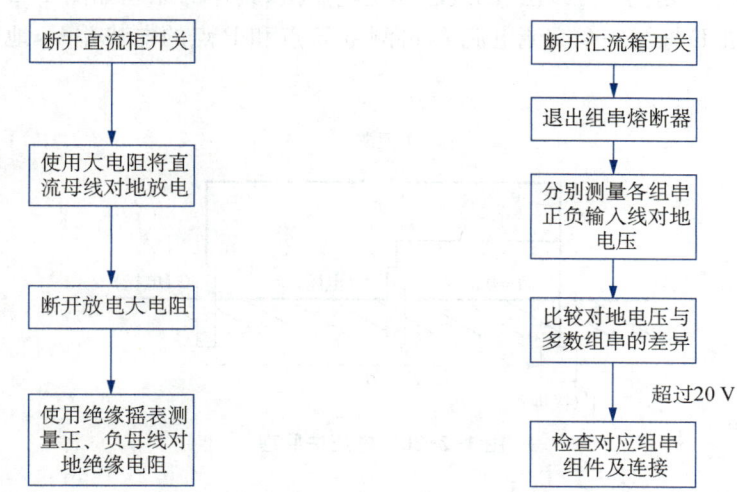

图 1-2-28　方法 3 步骤　　图 1-2-29　汇流箱处检查到直流母线对地绝缘过低情况

检查过程注意事项:

发生绝缘降低的原因也有可能是多点对地绝缘降低,因此在找到一个故障点后,若绝缘低报警依然存在,需要继续按照步骤完成检查以找出其他故障点,直到绝缘低报警解除。

在检查过程中可能出现特殊情况,即多个线路、组件串、设备绝缘均降低,单独测试一个器件时绝缘阻值可达到1 MΩ以上,但是在多个线路、组件串、设备同时接入系统时,整体绝缘阻值下降到1 MΩ以下。因此在检查过程中,应对已测点的绝缘电阻值进行记录,以便分析原因。

4. 光伏系统中接地电阻测试仪的使用

光伏发电系统的接地作用很大,要求也很高。如果接地不可靠,有可能导致逆变器等电气设备被雷击;如果电压测量不准确,易受外界干扰,将导致逆变器工作不正常。因此在安装完成之后,要正确测试,确保符合规范。

接地类型和要求包括以下2个方面:

一是防雷接地。包括避雷针(带)、引下线、接地体等,要求接地电阻小于10 Ω,并最好考虑单独设置接地体。

二是安全保护接地、工作接地、屏蔽接地、防雷接地。要求接地电阻小于等于 4 Ω。当安全保护接地、工作接地、屏蔽接地和防雷接地 4 种接地共用一组接地装置时,其接地电阻按其中最小值 4 Ω 确定;若防雷已单独设置接地装置,其余 3 种接地宜共用一组接地装置,其接地电阻不应大于其中最小值。

接地系统完成后,正确测量接地电阻很关键。但接地电阻和常见的电阻元器件有所不同,用普通的万用表测量可能会不准确,必须要用专用的仪器。

测量方法通常有 5 种:两线法、三线法、四线法、单钳法和双钳法。实际测量时,尽量选择正确的方式,才能使测量结果准确无误。

(1) 电压法。两线法、三线法、四线法都是电压法,具体的原理如图 1-2-30 所示,给地电极 C 和电极 E 施加一个交流电流 I,再测量 E 点和 P 点的电势差 V,地电阻 R 等于 V/I。

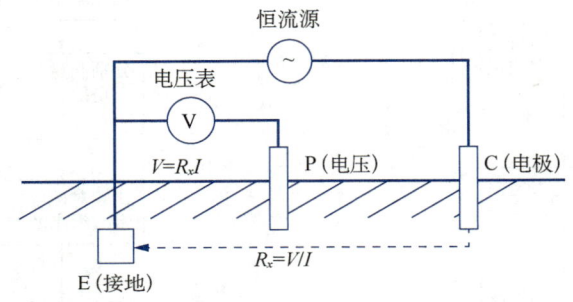

图 1-2-30　电压法原理

注意事项:必须有两个接地棒,一个作辅助,一个作探测电极。各个接地电极间的距离不小于 20 m,接地极要打到地深 1.5 m 处左右,排成一行。土壤要潮湿,如果是干燥的土地,或者石质、沙地,要加足够水才能测试。

四线法基本同三线法,在低接地电阻测量和消除测量电缆电阻对测量结果的影响时替代三线法,四个小尺寸的电极以相同的深度和相等的距离(直线)插入地里,并进行测量(图 1-2-31)。该方法是所有接地电阻测量方法中准确度最高的。

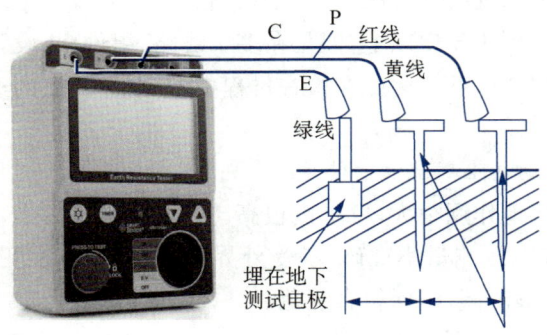

图 1-2-31　三线法

(2) 电流法。单钳法与双钳法都是电流法,它能够在不断开地面系统的情况下测量电阻,不需要断开引下线,不需要辅助电极,快速、简便、可靠,并且还能测量接地和整体接地连接电阻。

钳形接地电阻测试仪如图 1-2-32 所示。测量接地电阻的基本原理是测量回路电阻(图 1-2-33)。钳表的钳口部分由电压线圈及电流线圈组成。电压线圈提供激励信号,在被测回路上形成感应电势 E。并在电势 E 的作用下在被测回路产生电流 I。钳表对 E 及 I 进行测量,即可得到被测电阻 $R=E/I$。

图 1-2-32 钳形接地电阻测试仪

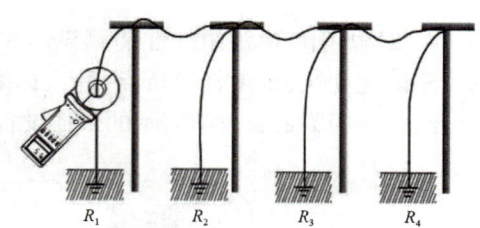

图 1-2-33 接地电阻的基本原理

单钳法:测量多点接地中的每个接地点的接地电阻,而且不能断开接地连接,防止发生危险。适用于多点接地,方法是用电流钳测量被测接地点上的电流。

双钳法:多点接地,不打辅助地桩,测量单个接地。方法是将电流钳接到相应的插口上,将两钳卡在接地导体上,两钳间的距离要大于 0.25 m。

5. 便携式太阳能电池测试仪的使用

以 AV6591 便携式太阳能电池测试仪为例进行介绍。

(1) AV6591 便携式太阳能电池测试仪功能特点。主机与探头之间采用无线连接,提供最远 100 m 的无线通信功能,使测试更便捷。提供拥有专利技术的探头盒与温度探头安装支架,能够方便、快速地将探头安装在电池板上。采用高亮、阳光下可视彩色液晶显示,触摸屏加键盘操作;包含以太网、USB 等外设接口,内置 SD 卡插槽,支持存储空间扩容。采用 Microsoft Windows 图形系统,交互性好。

可进行户外低照度伏安特性测试,并提供 STC(Standard Test Conditions,标准测试条件)修正。内置丰富的太阳能电池组件修正模型数据库,可以为测试结果的转换比对提供参考,可以手动添加测试修正模型。宽电压测试范围,最大开路电压测试达 1 000 V,并提供高达 10 kW 的光伏阵列测试功能。具备环境温度、电池板温度、太阳辐照度等环境监测功能。具体可测量参数包括:I-V 曲线,P-V 曲线,短路电流,开路电压,峰值功率,峰值功率点电压、电流,填充因子,转换效率,串联电阻,并联电阻,太阳电池温度以及环境温度、辐照度。

(2) 光伏电站验收与维护测试。AV6591 便携式太阳能电池测试仪能够测试最高 1 000 V 开路电压、最大 12 A 短路电流、最大 10 kW 功率的光伏阵列,并且具有体积小、操作简便的优越特征,是光伏电站验收与维护的最佳设备(图 1-2-34)。

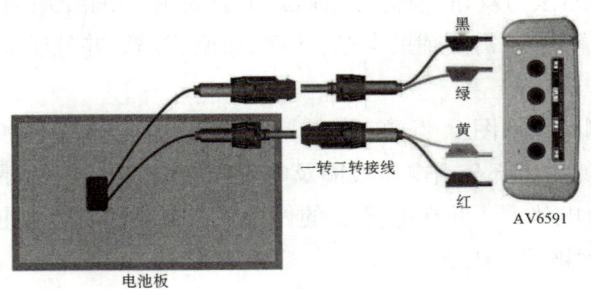

图1-2-34 光伏电站验收与维护测试

（3）太阳能电池组件性能测试。AV6591便携式太阳能电池测试仪具有测试精度高、测试速度快、重量轻等特点，并且标配辐照度、温度等环境探头，是太阳能电池组件设计开发、外场鉴定及教学演示的最佳设备，如图1-2-35所示。

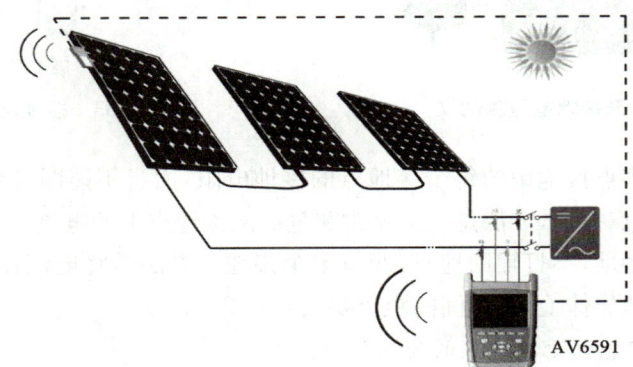

图1-2-35 太阳能电池组件性能测试（测试与逆变器相连的太阳能电池组串时的测试系统连接）

6. 电能质量分析仪的使用方法

电网的电能质量需要定期进行测试分析，因此需要用到电能质量分析仪，接下来以YTC2400电能质量分析仪为例，介绍电能质量分析仪的使用方法。

测试仪配有1条四芯的电压测试线、3只电流测试钳（根据需要可配备到6只）。电压测试线用来接入被测电压信号，在现场用电流钳进行测试，每只电流钳分别对应一个钳表接口，不能互换，否则会影响测试精度。每只钳表中间有一个圆标贴，显示出钳表的相别和极性（标N的一端为电流的流出端，在接线时要注意极性，接反会影响测试结果）。

测试过程中的注意事项如下：

（1）测试前插好电流测试钳，严禁先夹被测信号后插入电流钳插座，这相当于电流测试钳二次开路，容易产生开路高压，损坏仪器。测试完成后要先摘下所有电流测试钳，再拔下与主机相连的插头。

（2）为保证各通道精度，测试钳应一一对应，要把各电流钳正确插入唯一与之对应的插座。交换不同输入插座，会降低测试精度，但交叉后测试精度一般也不会超出±2%。

（3）接入电压信号时，测试线一定要先接到仪器的电压端子，然后再接到被测设备的电压端子;测试完成后,一定要先摘下被测设备的电压接头,然后再拆除仪器侧的电压线。此条尤为重要,反之可能引起大事故。

7. 光伏系统中红外热像仪的使用

电池板的正常运行是高效发电、延长使用寿命和提高投资回报率的必要条件。为了确保光伏系统正常运行,在生产过程中和电池板安装后,都需要一种快速、简易又可靠的太阳能电池板性能检查方法。红外热像仪是快速、可靠的太阳能电池板检查工具,设备的异常现象能够清楚地显示在红外热像仪生成的清晰的热图像上。与其他方法不同的是,热像仪能够对已经安装好的太阳能电池板在运行期间进行检查,还可在短时间内检查大片区域。

(1) 用红外热像仪检测光伏组件。光伏组件发电电流大小,自身电阻消耗以及是否损坏或者老化程度,都能通过红外热像仪对单块组件的热像分析得到。红外扫描应重点发现电池热斑有问题的旁路二极管、接线盒、焊带、连接器等。

红外热像仪还可以给光伏组件建立热像图谱库,通过测试同种品牌不同状态下的损坏情况,对比光伏组件热像的区别,可以制定热像图谱标准,以便在对光伏组件的维护和故障诊断中快速找出故障原因。

(2) 用红外热像仪检测汇流箱。光伏电站运维工作中一般通过对汇流箱每个支路的电流大小进行测试,检查各支路的发光情况和效率的高低。由于支路数目多,汇流箱内部接线紧凑,进行测量时又必须保证一定光照强度下的快速测量,所以操作非常麻烦。

用红外热像仪对汇流箱进行红外成像,各支路因发电电流的大小而产生的热量差异能直观地在热像中体现出来。通过红外热像仪,不需要对电流进行测量就能判断支路是否有电流。

与此同时,红外热像仪还能检测汇流箱中的断路器、熔断器以及内部线路的运行情况,通过对比能够快速判断元器件的工作状态以及可能产生的故障。

8. EL测试常见缺陷及分析

(1) 破片。组件中的破片多出现在组件封装过程的焊接和层压工序,在EL测试图中表现为电池片中有黑块,因为电池片破裂后电池片破裂部分没有电流注入,从而导致该部分在EL测试中不发光(图1-2-36)。

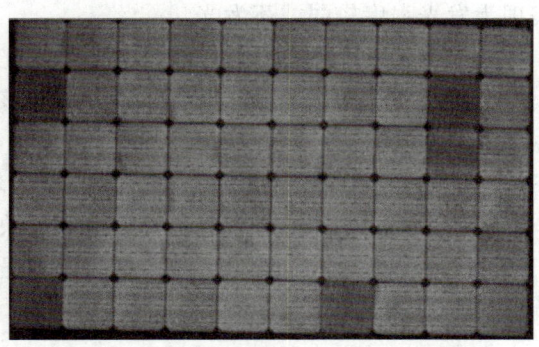

图1-2-36 破片

(2) 隐裂。晶体硅太阳电池所采用的硅材料本身易碎,因此在电池片生产和组件封装过程中很容易产生裂片。裂片分2种，一种是显裂，另一种是隐裂。显裂是肉眼可以直接看到的，在组件生产过程中的分选工序就可以剔除；而隐裂是肉眼无法直接看到的，并且在组件的制作过程中更容易产生破片等问题。由于单晶硅的解离面是规则形状，通过EL测试图可以清晰地看到，单晶硅电池片的隐裂纹一般是沿着电池片对角线方向的"x"状图形（图1-2-37）；多晶硅电池片由于晶界的影响有时很难区分是多晶硅的晶界还是电池片中的隐裂纹。

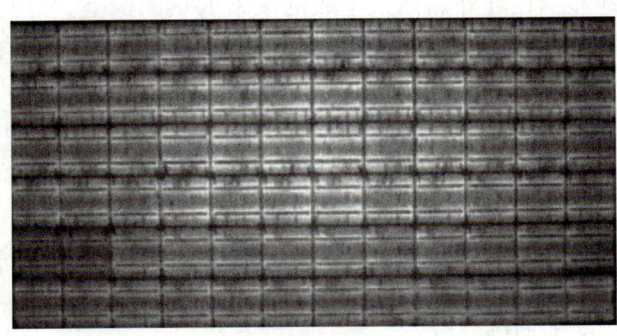

图1-2-37　隐裂

（3）断栅。电池片的断栅主要是由电池片本身栅线印刷不良或电池片不规范焊接造成的，在EL测试图中表现为沿电池片主栅线的暗线。这是因为电池片的副栅线断掉后，EL测试过程中从电池片主栅线上注入的电流在断栅附近处的电流密度很小甚至没有，从而导致电池片的断栅处发光强度较弱或不发光。

（4）烧结缺陷。在电池片生产过程中，烧结工序工艺参数不佳或烧结设备存在缺陷，生产出来的电池片在EL测试图中会显示为大面积的履带印。实际生产中通过有针对性的工装改造就可以有效地消除履带印。例如，采用顶针式履带生产出来的电池片在EL测试图中只能看到若干黑点而没有大面积的履带印。

（5）黑芯片。黑芯片在EL测试图中显示为从电池片中心到边缘逐渐变亮的同心圆。它们产生于硅材料生产阶段，与硅棒制作过程中氧的溶解度和分凝系数有关系。此种材料缺陷势必导致晶体硅电池片的少数载流子浓度降低，从而导致电池片中有此类缺陷的部分在EL测试图中表现为发光强度较弱或不发光。

（6）电池片混档。一块组件的EL测试图中有部分电池片发光强度与该组件中的大部分电池片相比较弱，这是由这部分电池片的电流或电压分档与该组件中大部分电池片的电流或电压分档不一致造成的。

（7）电池片电阻不均匀。EL测试单个电池片表面发光强度不均匀，这是由电池片电阻不均匀造成的，较暗区域一般串联电阻较大。这种缺陷也能反映电池片少子寿命的分布状况，缺陷部位少子跃迁概率降低，在EL测试图中表现为发光强度较弱。

三、实训评价

根据表 1-2-3 对学生完成本次工作实训任务的表现进行评价。

表 1-2-3 实训评价表

任务	评价标准	配分	得分
钳形数字万用表、绝缘电阻表的使用训练	(1) 使用不正确:扣 1~10 分 (2) 检查不正确:扣 1~10 分	20 分	
接地电阻测试仪的使用训练	(1) 使用不正确:扣 1~10 分 (2) 检查不正确:扣 1~10 分	20 分	
便携式太阳能电池测试仪的使用训练	(1) 使用不正确:扣 1~10 分 (2) 检查不正确:扣 1~10 分	20 分	
电能质量分析仪的使用训练	(1) 使用不正确:扣 1~10 分 (2) 检查不正确:扣 1~10 分	20 分	
红外热像仪的使用训练	(1) 使用不正确:扣 1~5 分 (2) 检查不正确:扣 1~5 分	10 分	
便携式 EL 检测仪的使用训练	(1) 使用不正确:扣 1~5 分 (2) 检查不正确:扣 1~5 分	10 分	
合计		100 分	
学生自评:			
	学生签字:	年 月 日	
教师评价:			
	教师签字:	年 月 日	

任务思考

如果你是光伏电站的工作人员,你还需要掌握哪些仪表的使用?

项目二

光伏电站主要设备的运行与维护

 项目目标

素质目标

1. 培养学生树立集体主义思想和密切配合、团结互助的精神；
2. 培养学生分析问题、解决问题的能力；
3. 培养学生认真执行规章制度、遵守安全操作规程的工作作风；
4. 培养学生遵章守纪、安全生产的职业纪律。

知识目标

1. 掌握各种类型的光伏发电系统以及光伏发电系统的基本组成部件；
2. 掌握光伏组件的制作工艺流程以及光伏组件的运行维护的相关理论知识；
3. 掌握光伏汇流箱工作原理、选配方法以及运行维护的相关理论知识；
4. 掌握光伏控制器的分类、选配方法以及运行维护的相关理论知识；
5. 掌握光伏逆变器的工作原理、选配方法以及运行维护的相关理论知识；
6. 掌握光伏配电柜的工作原理、选配方法以及运行维护的相关理论知识；
7. 掌握光伏变压器的分类、选配方法以及运行维护的相关理论知识。

能力目标

能够结合具体的地面光伏电站情况完成光伏设备(光伏组件、光伏汇流箱、光伏逆变器、光伏配电柜、光伏变压器)的调试、管理、运行与维护。

项目二 光伏电站主要设备的运行与维护

 项目导图

- 项目二 光伏电站主要设备的运行与维护
  - 任务一 光伏发电系统组成与运行
    - 子任务一 光伏发电系统的原理与组成
      - 光伏发电系统原理
      - 光伏发电系统的组成
    - 子任务二 光伏发电系统运行
      - 独立光伏发电系统
      - 并网光伏发电系统
  - 任务二 光伏组件的运行与维护
    - 子任务一 光伏组件的运行
      - 光伏组件的概念
      - 光伏组件的运行规程
    - 子任务二 光伏组件的维护
      - 光伏组件技术规格书中的关键参数
      - 影响太阳能电池组件的主要参数
      - 组件的输出功率
      - 光伏组件的检查和维护
      - 光伏组件的清洗
      - 注意事项
  - 任务三 光伏汇流箱的运行与维护
    - 子任务一 光伏汇流箱的运行
      - 光伏汇流箱概述
      - 光伏汇流箱的组成
      - 光伏汇流箱的分类
      - 光伏汇流箱的运行规程
      - 光伏汇流箱产品展示
      - 光伏汇流箱技术参数
      - 光伏汇流箱接线原理图
      - 光伏汇流箱安装工具介绍
      - 光伏汇流箱安装注意事项
    - 子任务二 光伏汇流箱的维护
      - 光伏汇流箱的作用
      - 检修光伏汇流箱时的注意事项
  - 任务四 光伏控制器的运行与维护
    - 子任务一 光伏控制器的运行
      - 光伏控制器分类
    - 子任务二 光伏控制器的维护
      - 光伏控制器主要技术参数
      - 光伏控制器的类型
      - 如何选择光伏控制器
  - 任务五 光伏逆变器的运行与维护
    - 子任务一 光伏逆变器的运行
      - 光伏逆变器原理
      - 光伏逆变器的功能
    - 子任务二 光伏逆变器的维护
      - 光伏逆变器的分类
      - 光伏电站如何选择逆变器
  - 任务六 光伏配电柜的运行与维护
    - 子任务一 光伏配电柜的运行
    - 子任务二 光伏配电柜的维护
  - 任务七 光伏变压器的运行与维护
    - 子任务一 光伏变压器的运行
      - 常用变压器介绍
      - 特征参数介绍
      - 接入光伏注意事项
      - 并网后可能出现的问题
    - 子任务二 光伏变压器的维护
      - 铁芯故障现象
      - 多点接地故障的检测
      - 防止变压器出口短路的技术措施

任务一
光伏发电系统的组成与运行

子任务一 光伏发电系统的原理与组成

任务背景

我国在"碳中和"成为全球命题的背景下,于2021年开启双碳元年。自21世纪初至今,我国的光伏行业在经历起步、发展、衰退、回暖四个阶段后进入了稳步增长期,实现了从无到有、从有到强的跨越式发展。近年来,我国光伏发电企业注册量持续增加,仅2021年一年就新增光伏发电企业6.1万家,未来光伏企业数量增加速度较为乐观。2022年1—2月我国光伏发电装机容量约13.1亿kW,同比增长20.9%;截至2021年年底,我国光伏发电并网装机容量达到3.06亿kW,连续7年稳居全球首位,新增光伏发电并网装机容量连续9年稳居世界首位,整个光伏产业稳中向好。

任务分析

通过本任务的学习,同学们可以在光伏电站运维实训室准确识别光伏组件、控制器、逆变器、蓄电池等设备器件,并能够掌握光伏发电原理。

任务资讯

一、光伏发电系统原理

1839年,法国科学家贝克雷尔(Becqurel)发现液体的光生伏特效应,即"光伏效应"。太阳能光伏效应,简称光伏(photovoltaic),又称为光生伏特效应(Photovoltaic effect),是指光照使不均匀半导体或半导体与金属组合的部位间产生电位差的现象。光伏被定义为射线能量的直接转换,在实际应用中通常指太阳能向电能的转换,即太阳能光伏。它的实现方式主要是通过硅等半导体材料制成的太阳能电板,吸收光能产生直流电。

光伏发电是利用半导体界面的光生伏特效应而将光能直接转换为电能的一种技术。这种技术的关键元件是太阳能电池。太阳能电池经过串联后进行封装保护可形成大面积的太阳电池组件,再配合功率控制器等部件就形成了光伏发电装置。

如果光线照射在太阳能电池上并且光在界面层被吸收,具有足够能量的光子能够在

P型硅和N型硅中将电子从共价键中激发,以致产生电子-空穴对(图2-1-1)。界面层附近的电子和空穴在复合之前,将因为空间电荷的电场作用被分离。电子向带正电的N区运动,空穴向带负电的P区运动。通过界面层的电荷分离,将在P区和N区之间产生一个向外的可测试的电压。对晶体硅太阳能电池来说,开路电压的典型数值为0.5～0.6 V。通过光照在界面层产生的电子-空穴对越多,电流越大。界面层吸收的光能越多,界面层的电池面积越大,在太阳能电池中形成的电流也越大。

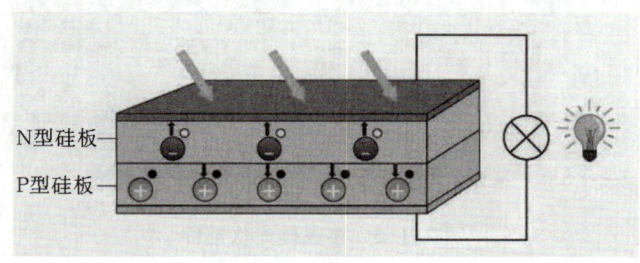

图2-1-1 光伏发电原理

二、光伏发电系统的组成

光伏发电系统主要由光伏组件、控制器、逆变器、蓄电池及其他配件组成(并网不需要蓄电池)。根据是否依赖公共电网,光伏发电系统可分为离网和并网两种,其中离网系统是独立运行的,不需要依赖电网。离网光伏系统配备了有储能作用的蓄电池,可保证系统功率稳定,能在光伏系统夜间不发电或阴雨天发电不足等情况下供给负载用电。

不管何种形式,光伏发电系统的工作原理均为光伏组件将光能转换成直流电,直流电在逆变器的作用下转变成交流电,最终实现用电、上网功能。

1. 光伏组件

光伏组件是整个发电系统的核心部分,由光伏组件片或由激光切割机或钢线切割机切割开的不同规格的光伏组件组合在一起构成。由于单片光伏电池片的电流和电压都很小,所以要先串联获得高电压,再并联获得高电流,通过一个二极管(防止电流回输)输出,然后封装在一个不锈钢、铝或其他非金属边框上,安装好上面的玻璃及背面的背板,充入氮气,最后密封。把光伏组件串联、并联组合起来,就成了光伏组件方阵,也称光伏阵列。

(1) 单晶硅。光电转换率约为18%,最高可达24%,是所有光伏组件中转换率最高的,一般采用钢化玻璃及防水树脂封装,坚固耐用,使用寿命一般可达25年。图2-1-2所示为单晶硅光伏组件。

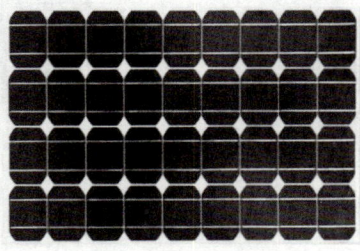

图2-1-2 单晶硅光伏组件

(2) 多晶硅。光电转换率约为 14%，多晶硅与单晶硅的制作工艺差不多，区别在于多晶硅光电转换率更低、价格更低、寿命更短，但多晶硅材料制造简便、节约电耗，生产成本低，因此得到大力发展。图 2-1-3 所示为多晶硅光伏组件。

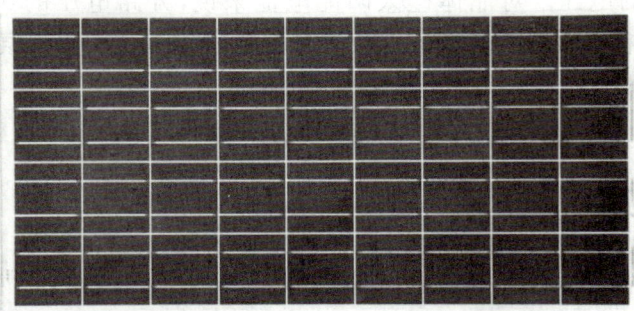

图 2-1-3　多晶硅光伏组件

(3) 非晶硅。光电转换率约为 10%，非晶硅与单晶硅、多晶硅的制作方法完全不同，它是一种薄膜式太阳电池，工艺流程大大简化，硅材料消耗很少，电耗更低。它的主要优点是在弱光条件下也能发电。图 2-1-4 所示为非晶硅光伏组件。

图 2-1-4　非晶硅光伏组件

2. 控制器（离网系统使用）

光伏控制器是能自动防止蓄电池过充电和过放电的自动控制设备（图 2-1-5）。它由高速 CPU 微处理器和高精度 A/D 模数转换器组成，是一个微机数据采集和监测控制系统，既可快速实时采集光伏系统当前的工作状态数据，随时获得光伏电站的工作信息，又可详细积累光伏电站的历史数据，为评估光伏系统设计的合理性及检验系统部件质量的可靠性提供准确而充分的依据，还具有串行通信数据传输功能，可对多个光伏系统子站进行集中管理和远距离控制。

3. 逆变器

逆变器是一种将光伏发电产生的直流电转换为交流电的装置（图 2-1-6）。光伏逆变器是光伏阵列系统中重要的系统平衡装置之一，可以配合一般交流供电的设备使用。太阳能逆变器有配合光伏阵列的特殊功能，例如最大功率点追踪及孤岛效应保护。

图 2-1-5　光伏控制器

图 2-1-6　光伏逆变器

光伏逆变器可以分为以下 3 类：

(1) 独立逆变器。用在独立系统，光伏阵列为电池充电，逆变器以电池的直流电压为能量来源。许多独立逆变器也整合了电池充电器，可以用交流电源为电池充电。一般这种逆变器不会接触到电网，因此也不需要孤岛效应保护功能。

(2) 并网逆变器。逆变器的输出电压可以回送到商用交流电源，因此输出弦波需要和电源的相位、频率及电压相同。并网逆变器会有安全设计，若未连接到电源，会自动关闭输出。若电网电源跳电，并网逆变器没有备存供电的功能。

(3) 备用电池逆变器。这是一种特殊的逆变器，由电池作为其电源，配合其中的电池充电器为电池充电，若有过多的电力，会回送到交流电源端。这种逆变器在电网电源跳电时，可以给交流电源提供指定的负载，因此需要有孤岛效应保护功能。

4. 蓄电池

蓄电池是光伏发电系统中储存电的设备（图 2-1-7），目前有铅酸免维护蓄电池、普通铅酸蓄电池、胶体蓄电池和碱性镍镉蓄电池 4 种，广泛使用的有铅酸免维护蓄电池和胶体蓄电池。

图 2-1-7　铅酸免维护蓄电池

蓄电池的工作原理是白天太阳光照射到光伏组件上产生直流电压，把光能转换为电能，再传送给控制器，经过控制器的过充保护，将光伏组件传来的电输送到蓄电池里进行储存，以供需要时使用。

◆ 任务实施

一、实训材料与工具

光伏运维设备 10 套，工具盒 10 套，白板 10 块。

二、实训步骤

1. 准确认出光伏发电系统各个组件。
2. 说出光伏发电系统设备的作用。
3. 掌握光伏发电的原理。

三、实训评价

根据表 2-1-1 对学生完成本次工作实训任务的表现进行评价。

表 2-1-1　实训评价表

任务	评价标准	配分	得分
光伏组件	(1) 指认不正确：扣 1~10 分 (2) 作用说明不正确：扣 1~10 分	20 分	
控制器	(1) 指认不正确：扣 1~10 分 (2) 作用说明不正确：扣 1~10 分	20 分	
逆变器	(1) 指认不正确：扣 1~10 分 (2) 作用说明不正确：扣 1~10 分	20 分	
蓄电池	(1) 指认不正确：扣 1~10 分 (2) 作用说明不正确：扣 1~10 分	20 分	
光伏发电原理	解释不正确：扣 1~20 分	20 分	
合计		100 分	
学生自评： 学生签字：　　　　　　　　　　　年　　月　　日			
教师评价： 教师签字：　　　　　　　　　　　年　　月　　日			

任务思考

通过本任务的学习，同学们已经掌握了光伏发电系统的组成，除此之外你还了解其他的设备吗？

子任务二　光伏发电系统运行

◇ 任务背景

光伏发电技术具有永久性、清洁性和灵活性三大优点。例如除了日照外，不需其他任何"燃料"，在太阳光直射和斜射情况下都可以工作；站址的选择也十分方便灵活，城市中的楼顶、空地都可以被充分利用。分布式光伏发电是我国的战略性新兴产业，大力推进光伏发电应用对优化能源结构、改善生态环境、转变城乡用能方式有重大战略意义，是促进稳增长、调结构、促改革、惠民生的重要举措。

光伏发电系统是利用光伏组件和各种电气设备及其他辅助设备将光能转换成可供各类负载使用的电能的系统。光伏发电系统从太阳能电池接受太阳辐射到转换成电能使用，具体有两个过程：第一是光能转换成电能的能量转换过程；第二是能量的储存、传输和使用。不同太阳能电池产生电能的储存、传输与使用方式决定了光伏发电系统不同的运行方式。

◇ 任务分析

通过本任务的学习，同学们能够正确地连接光伏发电系统设备，使光伏系统能够正常运行。

◇ 任务资讯

光-电直接转换方式是利用光电效应将太阳辐射能直接转换成电能，光-电转换的基本装置就是太阳能电池。太阳能电池是一种由于光生伏特效应而将太阳光能直接转化为电能的器件，是一个半导体光电二极管，当太阳光照到光电二极管上时，光电二极管就会把太阳的光能变成电能，产生电流。许多个电池串联或并联起来就可以组成有较大输出功率的太阳能电池方阵。

独立光伏发电系统是指供用户单独使用的光伏系统，如在边远地区使用的家用光伏电源、高速公路光伏供电系统等。由于环境因素的影响，光伏阵列发出的电能是波动的，不能直接提供给负载使用，所以需要在光伏阵列和负载之间加入能量优化控制器。独立光伏系统必须配备蓄电池。当光伏阵列发出的电能超过负载需求时，多余能量可存储在蓄电池中；当光伏阵列发出的电能不能满足负载需求时，蓄电池作为补充能源向负载供电。蓄电池与能量优化控制器需要组合使用，既要实现最大功率点跟踪，又要能获得输出稳定的直流电源。

并网光伏发电系统就是太阳能光伏发电系统与常规电网相连，共同承担供电任务。

当有阳光时,逆变器将光伏系统所产生的直流电逆变成正弦交流电,产生的交流电可以直接供给交流负载,然后将剩余的电能输入电网,或者直接将产生的全部电能并入电网。在没有阳光时,负载用电全部由电网供给。

一、独立光伏发电系统

独立光伏发电系统设计的主要技术条件有负载性能、太阳能辐射强度、太阳能电池方阵安装倾角、太阳能电池方阵安装方向、蓄电池容量等。

1. 负载性能

白天使用的负载可由光伏系统供电,晚上再由光伏系统中蓄电池储存的电量供给负载。24 小时使用的负载所需的电能容量取它们之间的值。

2. 太阳能辐射强度

太阳能辐射强度具有随机性,随季节、气候的变化而变化,且很难获得太阳能电池方阵安装后各时段确切的数据,只得以当地气象台记录的历史资料作为参考。

3. 太阳能电池方阵安装倾角

纬度不同,太阳光对地面的辐照方向角也不同。为了获得较大的太阳能辐照度,光伏阵列的倾斜角度须因地制宜。

4. 太阳能电池方阵安装方向

我国处于北半球,太阳能电池的安装方向一般选择在正南方向,以使太阳能电池单位面积接受的太阳辐射能更多,发电量更大。

5. 蓄电池容量

蓄电池容量应根据铅酸电池在没有光伏方阵电力供应条件下,完全由自身蓄存的电量供给负载用电的天数来确定。

二、并网光伏发电系统

并网光伏发电系统可以将太阳能电池阵列输出的直流电转化为与电网电压同幅、同频、同相的交流电,实现与电网连接并向电网输送电能。这种发电系统的灵活性在于:日照较强时,光伏发电系统能在给交流负载供电的同时将多余的电能送入电网;而当日照不足,即太阳能电池阵列不能为负载提供足够电能时,又可从电网索取电能为负载供电。

因为能直接将电能输入电网,独立光伏发电系统中的蓄电池完全被并网光伏发电系统中的电网所取代。免除配置蓄电池,省掉了蓄电池蓄能和释放的过程,可以充分利用光伏阵列所发的电力,从而减少能量的损耗,降低系统成本。但是系统中需要专用的并网逆变器,以保证输出的电力满足电网对电压、频率等性能指标的要求。逆变器同时还控制光伏阵列的最大功率点跟踪(Maximum Power Point Tracking,MPPT)、并网电流的波形和功率,使向电网传送的功率和光伏阵列所发出的最大功率电能相平衡。并网光伏发电系统通常能够并行使用市电和太阳能光伏系统作为本地交流负载的电源,降低整个系统的负载断电率,还可以对公用电网起到调峰的作用。太阳能光伏发电进入大规模商业化应用就是将太阳能光伏系统接入常规电网,实现联网发电,这是太阳能光伏发电产业发展的必由之路。与独立运行的太阳能光伏发电站相比,并入电网可以给光伏发电带来诸多好处,具体可以归纳为以下 5 点:

(1)省掉了蓄电池作为储能装置的蓄电池。

(2) 随着逆变器制造技术的不断进步,逆变器的稳定性、可靠性等将更加完善。

(3) 光伏阵列可以始终以最大功率运行,由电网来接纳太阳能转化而来的全部电能,提高太阳能发电效率。

(4) 电网获得了收益,分散布置的光伏系统能够为当地的用户提供电能,缓解电网的传输和分配负担。

(5) 光伏组件与建筑完美结合,既可以发电又能作为建筑材料和装饰材料。

1. 有逆流并网光伏发电系统

当太阳能光伏系统发出的电能充裕时,可将剩余电能馈入公共电网,向电网供电(卖电);当太阳能光伏系统提供的电力不足时,由电网向负载供电(买电)。由于向电网供电与电网供电的方向相反,所以称为有逆流并网光伏发电系统。

2. 无逆流并网光伏发电系统

太阳能光伏发电系统即使发电充裕也不向公共电网供电,但当太阳能光伏系统供电不足时,则由公共电网向负载供电。这样的光伏发电系统称为无逆流并网光伏发电系统。

3. 切换型并网光伏发电系统

切换型并网光伏发电系统具有自动运行双向切换的功能。一是当光伏发电系统因多云、阴雨天及自身故障等原因发电量不足时,切换器能自动切换到电网供电一侧,由电网向负载供电;二是当电网因为某种原因突然停电时,光伏系统可以自动切换使光伏系统与电网分离,进入独立光伏发电系统工作状态。有些切换型并网光伏发电系统还可以在需要时断开为一般负载的供电,接通对应急负载的供电。一般切换型并网发电系统都带有储能装置。

4. 有储能装置的并网光伏发电系统

有储能装置的并网光伏发电系统是指上述 3 类光伏发电系统根据需要配置储能装置。带有储能装置的光伏发电系统主动性较强,当电网出现停电、限电及故障现象时,可独立运行,正常向负载供电。因此带有储能装置的并网光伏发电系统可以作为紧急通信电源、医疗设备、加油站、避难场所指示及照明设备等重要或应急负载的供电系统。

◇ 任务实施

一、实训材料与工具

光伏运维设备 10 套,工具盒 10 套,连接线 10 套。

二、实训步骤

1. 检查光伏组件是否良好。
2. 正确连接光伏组件。
3. 正确连接控制器。
4. 正确连接逆变器。
5. 正确连接蓄电池。
6. 正确排除和解除故障。

三、实训评价

根据表 2-1-2 对学生完成本次工作实训任务的表现进行评价。

表 2-1-2　实训评价表

任务	评价标准	配分	得分
光伏组件	(1) 未检查组件：扣 1～10 分 (2) 未按要求正确连接：扣 1～10 分	20 分	
控制器	未按要求正确连接：扣 1～20 分	20 分	
逆变器	未按要求正确连接：扣 1～20 分	20 分	
蓄电池	未按要求正确连接：扣 1～20 分	20 分	
故障排除	(1) 未能查找故障：扣 1～10 分 (2) 未能解决故障：扣 1～10 分	20 分	
合计		100 分	

学生自评：

学生签字：　　　　　　年　　月　　日

教师评价：

教师签字：　　　　　　年　　月　　日

◇ 任务思考

请同学们观察身边的光伏发电系统的类型，并总结它们的特点。

任务二
光伏组件的运行与维护

子任务一　光伏组件的运行

◇ 任务背景

近年来,光伏电站年装机量逐年增加,2021 年 12 月,国家能源局、农业农村部和国家乡村振兴局联合下发《加快农村能源转型发展助力乡村振兴的实施意见》,并对农村光伏发展予以统筹规划。国家补贴政策从金太阳示范工程、光电建筑演变为电价补贴,足见国家发展光伏发电产业的决心。光伏组件作为光伏电站的重要部分,从前期生产到后期运维都不可忽视,而组件上的灰尘是影响发电量的重要因素之一,因此组件清洗也就越来越受到重视。

◇ 任务分析

光伏组件是太阳能光伏发电系统必须具备的部件之一,它具备太阳能能量的收集与转换功能,其性能优劣直接影响光伏发电系统的发电量、可靠性及寿命。通过本任务的学习,同学们可以掌握光伏组件的组成以及光伏组件的检验项目和检验方法。

◇ 任务资讯

一、光伏组件的概念

光伏组件是指具有封装及内部联结的、能单独提供直流电输出的、最小不可分割的光伏电池组合装置,由太阳能电池片或由激光切割机、钢线切割机切割开的不同规格的太阳能电池组合在一起构成(图 2-2-1)。

图 2-2-1　光伏组件

单体太阳能电池不能直接作为电源使用。要用作电源必须将若干单体电池串、并联连接和严密封装成组件。光伏组件是太阳能发电系统的核心部分,也是太阳能发电系统中最重要的部分,其作用是将太阳能转化为电能,或送往蓄电池中存储,或推动负载工作。

光伏组件的组成如下:

(1) 钢化玻璃。其作用是保护发电主体(如电池片)。选用要求一是透光率必须高(一般91%以上);二是要做超白钢化处理。

(2) EVA(封装胶膜)。用来粘接固定钢化玻璃和发电主体(如电池片)。透明EVA材质的优劣直接影响组件的寿命,暴露在空气中的EVA易老化发黄,会影响组件的透光率,从而影响组件寿命。除了EVA本身的质量外,组件厂家的层压工艺对组件寿命的影响也非常大,如EVA胶黏度不达标、EVA与钢化玻璃、背板黏合强度不够,都会引起EVA提早老化,影响组件寿命。

(3) 电池片。其主要作用是发电。电池片的类型主要包括晶体硅太阳能电池片、薄膜太阳能电池片2种,二者各有优劣。晶体硅太阳能电池片设备成本相对较低,电池片成本较高,光电转换效率也高,适合用在室外阳光下发电。薄膜太阳能电池片设备成本相对较高,电池片成本很低,光电转化效率相对晶体硅电池片要高,弱光效应非常好,在普通灯光下也能发电,如计算器上的薄膜电池。

(4) 背板。其作用主要是密封、绝缘、防水,一般采用TPT、TPE等材质。

(5) 铝合金。保护层压件,起一定的密封、支撑作用。

(6) 接线盒。保护整个发电系统,起到电流中转站的作用,如果组件短路,接线盒自动断开短路电池串,防止烧坏整个系统。接线盒中最关键的是二极管的选用,组件内电池片的类型不同,对应的二极管也不相同。

(7) 硅胶。起密封作用,用来密封组件与铝合金边框、组件与接线盒交界处。有些公司使用双面胶条、泡棉来替代硅胶,国内普遍使用硅胶,工艺简单、方便、易操作,且成本较低。

二、光伏组件的运行规程

1. 一般规程

(1) 光伏组件在运行中不得有物体长时间遮挡。

(2) 光伏组件表面出现玻璃破裂或热斑,背板灼焦,颜色明显变化,光伏组件接线盒变形、扭曲、开裂或烧损,接线端子无法良好连接等现象时,应及时进行更换。

(3) 在更换光伏组件时,必须断开相应的汇流箱开关、支路保险及相连光伏组件接线。工作人员需使用绝缘工器具进行操作。光伏组件更换完毕后,必须测量开路电压,并进行记录。

2. 巡回检查规程

(1) 定期对每一串光伏组件电流进行测量,偏离值较大的须查明原因。

(2) 在大风过后,需对子阵光伏组件进行一次全面巡回检查。巡回过程中尽量不要接触接线插头及组件支架,如必须接触接线插头及组件支架,工作人员需要使用绝缘工器具,方可进行工作。

(3) 光伏组件、汇流箱、直流配电柜运行中的正极、负极严禁接地。

任务实施

一、实训工具材料和实训步骤

1. 电池片

(1) 检验内容及方式:

① 电池片厂家、包装(内包装及外包装)、外观、尺寸、电性能、可焊性、栅线印刷、主栅线抗拉力、切割后电性能均匀度。电池片在未拆封前保质期为 1 年。

② 抽检(按来料的 2‰),电性能、外观以及可焊性在生产过程中全检。

(2) 检验工具设备:单片测试仪、游标卡尺、电烙铁、橡皮、刀片、拉力计、激光划片机。

(3) 所需材料:涂锡带、助焊剂。

(4) 检验方法:

① 包装目视良好,确认厂家、规格型号及保质期。

② 外观:符合购买合同要求。

③ 尺寸:用游标卡尺测量,结果符合厂家提供的尺寸±0.5 mm。

④ 电性能:用单体测试仪测试,结果符合厂家提供的数值±3%。

⑤ 可焊性:用 320～350 ℃的温度正常焊接,焊接后主栅线留有均匀的焊锡层为合格(要保证实验用的涂锡带和助焊剂具有可焊性)。

⑥ 栅线印刷:用橡皮在同一位置来回擦 20 次,不脱落为合格。

⑦ 主栅线抗拉力:将互链条焊接成"△"状,然后用拉力计测试,结果大于 2.5 N。

⑧ 切割后电性能均匀度:用激光划片机将电池片划成若干份,测试每片的电性能保持误差在±0.15 W。

(5) 检验规则:以上内容全检,若有一项不符合检验要求则对该批的 5‰进行检验。如仍不符合④、⑤、⑦、⑧项内容,则判定该批来料为不合格。

2. 涂锡带

(1) 检验内容及方式:

① 厂家、规格、包装、保质期(6 个月)、外观、厚度均匀性、可焊性、折断率、蛇形弯度及抗拉强度。

② 每次来料全检(盘装),外观在生产过程中全检。

(2) 检验所需工具:钢尺、游标卡尺、烙铁、老虎钳、拉力计。

(3) 所需材料:电池片、助焊剂。

(4) 检验方法:

① 包装目视良好,确认厂家、规格型号及保质期。

② 目视外观,确认涂锡带表面是否存在黑点、锡层不均匀、扭曲等不良现象。

③ 厚度及规格:根据供方提供的几何尺寸测量,宽度±0.12 mm,厚度±0.02 mm 视为合格。

④ 可焊性:同电池片检验方法。

⑤ 折断率:取来料规格长度相同的涂锡带 10 根,向一个方向弯折 180°,折断次数不

低于 7 次。

(5) 检验规则:以上内容全检,若有一项不符合检验要求则重检。如仍不符合②、④、⑤项内容,则判定该批来料为不合格。

3. EVA 胶膜

(1) 检验内容及方式:

① 厂家、规格型号、包装、保质期(6 个月)、外观、厚度均匀性、与玻璃和背板的剥离强度、交联度。

② 剥离强度和交联度在生产过程中抽检,外观在生产过程中全检。

(2) 检验所需工具:卷尺、游标卡尺、壁纸刀、拉力计、剪刀、120 目丝网、交联度测试仪、烘箱、电子秤。

(3) 所需材料:TPT 背板、小玻璃、二甲苯、抗氧化剂。

(4) 检验方法:

① 包装目视良好,确认厂家、规格型号及保质期。

② 目视外观,确认 EVA 表面无黑点、污点,无褶皱、空洞等现象。

③ 根据供方提供的几何尺寸测量,宽度±2 mm、厚度±0.02 mm 视为合格。

④ 厚度均匀性:取相同尺寸的 10 张胶膜测量厚度,然后对比每张胶膜的厚度,最大值与最小值之间不得超过 1.5%。

⑤ 剥离强度:按厂家提供的层压参数层压后,测试 EVA 与玻璃、EVA 与背板的剥离强度(冷却后)。

• EVA 与 TPT 的剥离强度:用壁纸刀在背板中间划开 1 cm 宽度,然后用拉力计拉开 TPT 与 EVA,拉力大于 35 N 为合格。

• EVA 与玻璃的剥离强度:方法同上,用拉力计一端夹住 EVA,另一端固定住玻璃,拉力大于 20 N 为合格。

⑥ 交联度测试:见交联度测试方法,试验结果在 70%～85% 为合格。

(5) 检验规则:以上内容全检,若有一项不符合检验要求则重检。如仍不符合②、⑤、⑥项内容,则判定该批来料为不合格。

4. 背板

(1) 检验内容及方式:

① 厂家、规格型号、包装、保质期(1 年)、外观、与 EVA 的黏合强度、背板层次的黏合强度。

② 来料抽检,剥离强度和黏合强度在生产过程中抽检,外观在生产过程中全检。

(2) 检验所需工具:卷尺、游标卡尺、壁纸刀、拉力计。

(3) 所需材料:EVA、小玻璃。

(4) 检验方法:

① 包装目视良好,确认厂家、规格型号及保质期。

② 目视外观,确认背板表面无黑点、污点,无褶皱、空洞等现象。

③ 根据供方提供的几何尺寸测量,宽度±2 mm、厚度±0.02 mm 视为合格。

④ 与 EVA 的黏合强度:方法同 EVA 与 TPT 的剥离强度。

⑤ 背板层次的黏合强度:用刀片划开背板夹层,夹紧一边,另一边用拉力计测试,结

果大于 20 N 为合格。

(5) 检验规则:以上内容全检,若有一项不符合检验要求则重检。如仍不符合②、④、⑤项内容,则判定该批来料为不合格。

5. 钢化玻璃

(1) 检验内容及方式:

① 厂家、规格型号、包装、外观、钢化强度、厚度及尺寸、与 EVA 的剥离强度。

② 来料抽检,外观在生产过程中全检。

(2) 检验工具:卷尺、卡尺、1 040 g 钢球。

(3) 材料:EVA、背板。

(4) 检验方法:

① 包装目视良好,确认厂家、规格型号。

② 尺寸(长度×宽度×厚度):

- 钢化玻璃标准厚度为 3.2 mm,允许偏差±0.2 mm。
- 长、宽允许偏差±0.5 mm,对角允许偏差±0.7 mm。

③ 目视外观:

- 钢化玻璃允许每条边上有长度不超过 10 mm,自玻璃边部向玻璃板表面延伸深度不超过 2 mm,自板面向玻璃另一面延伸不超过玻璃厚度 1/3 的爆边。
- 钢化玻璃内部不允许有长度小于 1 mm 的集中的气泡。对于长度大于 1 mm、小于 6 mm 的气泡每平方米内不超过 6 个。
- 不允许有结石、裂纹、缺角的情况。
- 钢化玻璃表面允许每平方米内有宽度小于 0.1 mm、长度小于 50 mm 的划痕不多于 4 条,宽度 0.1~0.5 mm、长度小于 50 mm 的划痕不超过 1 条。
- 钢化玻璃不允许有波形弯曲,弓形弯曲不允许超过边长的 0.2%(将来料取样放置于平台上,测量与台面距离最大的数值)。

④ 与 EVA 的剥离强度:同 EVA 剥离强度的检验方法。

⑤ 钢化强度:取来料六块样品试验,将玻璃放置于测试架上,使钢球从距玻璃 1~1.2 m 高处自由落在玻璃上,玻璃不碎裂为合格。

(5) 检验规则:以上内容全检,有一项不符合检验要求则重检。如仍有不符合②、③、④、⑤项检验内容,则判定该批来料为不合格。

6. 铝型材

(1) 检验内容及方式:

① 包装、规格尺寸、表面硬度、氧化膜厚度、型材弯曲度、外观、材质、型材与角码的匹配性。

② 来料抽检,外观在生产过程中全检。

(2) 检验工具:卷尺、游标卡尺、平台。

(3) 检验方法:

① 包装目视良好,确认厂家、规格型号。

② 尺寸:根据供方提供的几何尺寸测量,宽度±1 mm,长度±1 mm 视为合格,壁厚允许偏差小于等于 0.5 mm。

③ 外观:表面无氧化斑,0~0.5 cm 划痕不超过 2 个,0.5~1 cm 划痕不超过 1 个,不允许出现大于 1 cm 的划痕。

④ 型材弯曲度:将来料放置于平台上,测量与台面最大距离,不超过边长的 0.2% 为合格。

⑤ 型材与角码的匹配性:取一套型材组装好,缝隙小于 1 mm 为合格。

⑥ 由供方提供表面硬度(大于 12)、氧化膜(大于 10 μm)的数据。

(4) 检验规则:以上内容全检,有一项不符合检验要求,对该批号产品重检,如仍有不符合②、③、⑤项检验要求,则判定该批来料为不合格。

7. 硅胶

(1) 检验内容及方式:

① 厂家、规格型号、包装、保质期限、外观、表干时间、延伸率、与背板的黏结力试验。

② 来料抽检,生产过程跟踪检验。

(2) 检验工具:胶枪、秒表、直尺、拉力计。

(3) 材料:各种背板。

(4) 检验方法:

① 确认来料生产厂家、规格型号、外包装情况、保质期限。

② 外观:在明亮环境下,将产品挤压成细条状进行目测,产品应为细腻、均匀的膏状物或黏稠液体,无结块、凝胶、气泡。颜色一般为白色或乳白色,无刺激性气味。

③ 表干时间:将产品用胶枪在实验板上打成细条状,立即开始计时,直至用手指轻触胶条不粘手指时,记录从挤出到不粘手所用的时间(10 min≤所用时间≤30 min)。

④ 延伸率:在实验板上均匀打出 1 条硅胶,待完全固化后(记录固化时间、硅胶条粗细、原始长度、拉伸后的长度)进行拉伸。测试结果大于等于 300% 为合格。

⑤ 黏结力试验:在不同的背板上各打出 3 条硅胶,固化后观察粘接情况,用拉力计检测,记录数值,结果大于 10 N 为合格。

(5) 检验规则:以上内容全检,有一项不符合检验要求则重检。如仍有不符合②、③、④、⑤检验要求,则判定该批来料为不合格。

8. 接线盒

(1) 检验内容及方式:

① 厂家、规格型号、外观、连接器抗拉力、引线卡口咬合力、盒盖咬合力、二极管耐压测试。

② 来料抽检,生产过程跟踪检验。

(2) 检验工具:拉力计、耐压测试。

(3) 材料:涂锡带。

(4) 检验方法:

① 确认接线盒厂家、规格型号。

② 外观:检查外观有无缺陷,标识(应是不可擦拭的)、二极管数量和接线盒内部的缺陷。

③ 连接器抗拉力:将连接器接到接线盒上,然后夹住接线盒,用拉力器测试,拉力大于 10 N 为合格。

④ 引线卡口咬合力:将汇流带装进卡口,用拉力计夹住施加拉力,大于 40 N 为合格。

⑤ 盒盖咬合力:连续开合 3 次,仍需专用工具才能打开为合格。
⑥ 二极管耐压:用耐压测试仪测试,结果大于 1 000 V 直流电压为合格。
(5) 检验规则:以上内容全检,有一项不符合检验要求则重检。如仍有不符合②、③、④、⑤、⑥检验要求,则判定该批来料为不合格。

二、实训评价

根据表 2-2-1 对学生完成本次工作实训任务的表现进行评价。

表 2-2-1 实训评价表

任务	评价标准	配分	得分
电池片	(1) 检验内容不正确:扣 1～10 分 (2) 检验方法不正确:扣 1～10 分	20 分	
涂锡带	(1) 检验内容不正确:扣 1～10 分 (2) 检验方法不正确:扣 1～10 分	20 分	
EVA 胶膜	(1) 检验内容不正确:扣 1～5 分 (2) 检验方法不正确:扣 1～5 分	10 分	
背板	(1) 检验内容不正确:扣 1～5 分 (2) 检验方法不正确:扣 1～5 分	10 分	
钢化玻璃	(1) 检验内容不正确:扣 1～5 分 (2) 检验方法不正确:扣 1～5 分	10 分	
铝型材	(1) 检验内容不正确:扣 1～5 分 (2) 检验方法不正确:扣 1～5 分	10 分	
硅胶	(1) 检验内容不正确:扣 1～5 分 (2) 检验方法不正确:扣 1～5 分	10 分	
接线盒	(1) 检验内容不正确:扣 1～5 分 (2) 检验方法不正确:扣 1～5 分	10 分	
合计		100 分	

学生自评:

学生签字: 年 月 日

教师评价:

教师签字: 年 月 日

任务思考

请同学们查阅相关资料,学习光伏组件发展历史以及光伏组件的类型。

子任务二　光伏组件的维护

任务背景

所有影响光伏电站整体发电能力的因素中,灰尘是最主要的一项。灰尘对光伏电站的影响主要有:遮蔽到达组件的光线,影响发电量;影响散热,从而影响转换效率;酸碱性的灰尘长时间沉积在组件表面,侵蚀板面造成板面粗糙不平,导致灰尘进一步积聚,同时增加了对阳光的漫反射。所以需要对光伏组件进行定期维护。

任务分析

光伏组件是光伏电站最重要的设备之一,成本占了并网系统的50%左右。组件的技术参数对系统设计非常重要,只有读懂组件参数,才能正确配置光伏逆变器。通过本任务的学习,同学们将学会读懂组件参数并制订运维计划,会清洗光伏组件。

任务资讯

一、光伏组件技术规格书中的关键参数

1. 功率

我们常说265 Wp光伏组件,其中"p"为peak的缩写,代表其峰值功率为265 W。所有的技术规格书中都会标注"标准测试条件"。"0~+5"代表正公差,265 W的组件功率范围在265~270 W为合格品。表2-2-2所示为多晶光伏组件技术规格书一部分。

表2-2-2　多晶光伏组件部分电气参数(标准测试条件下)

参数	对应值			
最大功率-P_{MAX}(Wp)	265	270	275	280
功率公差-P_{MAX}(W)	0~+5			
最大功率点的工作电压-V_{MPP}(V)	30.8	30.9	31.1	31.4
最大功率点的工作电流-I_{MPP}(A)	8.61	8.73	8.84	8.92
开路电压-V_{OC}(V)	38.3	38.4	38.5	38.7
短路电流-I_{SC}(A)	9.10	9.18	9.25	9.34
组件效率 η_m	16.2%	16.5%	16.8%	17.1%

注:表中数据为标准测试条件(大气质量AM1.5,辐照度1 000 W/m²,电池温度25 ℃)下的测量值。

只有在标准测试条件(辐照度为 1 000 W/m², 电池温度 25 ℃)时, 光伏组件的输出功率才是"标称功率"(265 W), 辐照度和温度变化时, 功率肯定会变化。在非标准条件下, 光伏组件的输出功率一般不是标称功率, 如表 2-2-3 所示。

表 2-2-3 多晶光伏组件电气参数(电池额定工作温度条件下)

参数	对应值			
最大功率-P_{MAX}(Wp)	197	200	204	207
最大功率点的工作电压-V_{MPP}(V)	28.6	28.7	29.0	29.2
最大功率点的工作电流-I_{MPP}(A)	6.89	6.97	7.03	7.10
开路电压-V_{OC}(V)	35.5	35.5	35.6	35.8
短路电流-I_{SC}(A)	7.35	7.41	7.47	7.55

额定电池工作温度(NOCT):指当光伏组件处于开路状态,并在辐照度 800 W/m², 环境温度 20 ℃, 风速 1 m/s 时所达到的温度。

2. 效率

理论上, 尺寸、标称功率相同的组件, 效率肯定是相同的。光伏组件由电池片组成, 一块光伏组件通常由 60 片(6×10)或 72 片(6×12)电池片组成, 面积分别为 1.638 m² (0.992 m×1.652 m)(表 2-2-4)和 1.94 m²(0.992 m×1.956 m)。

表 2-2-4 多晶光伏组件机械参数

参数	对应值
电池片类型	156.75×156.75 mm 多晶硅
电池片数量	一组 60 片(6×10)
组件尺寸	1 650×992×35 mm
重量	18.6 kg
玻璃	3.2 mm,高透、减反射镀膜钢化玻璃
背板	白色
边框	银色、阳极氧化铝
接线盒	防护等级 IP67/IP68
电缆	4.0 mm², 1 000 mm 光伏专用电缆
连接器	MC4、QC4

辐照度为 1 000 W/m² 时, 1.638 m² 组件上接收的功率为 1 638 W, 当输出为 265 W 时, 效率为 16.2%, 当输出为 280 W 时, 效率为 17%。

3. 电压与温度系数

电压可分为开路电压和 MPPT 电压, 温度系数可分为电压温度系数和功率温度系数。在进行串并联方案设计时, 要用开路电压、工作电压、温度系数、当地极端温度(最好是昼间)进行最大开路电压和 MPPT 电压范围的计算, 与逆变器进行匹配。表 2-2-5 所示为一组多晶光伏组件温度额定值。

表 2-2-5　多晶光伏组件温度额定值

参数	对应值
NOCT(额定电池工作温度)	44 ℃(±2 ℃)
最大功率(P_{MAX})温度系数	-0.41%/℃
开路电压(V_{OC})温度系数	-0.32%/℃
短路电流(I_{SC})温度系数	0.05%/℃

二、影响太阳能电池组件的主要参数

1. 标准测试条件(STC)下参数

现有的主要标称数据都是基于 STC 的条件下,即:

(1) 地面。

(2) 辐照度 1 000 W/m²。

(3) 大气质量 AM 1.5。

(4) 组件温度 25 ℃。

2. NOCT 组件正常工作参数

即在 800 W/m², AM 1.5, 风速 1 m/s, 环境温度 20 ℃ 的条件下的参数, 这是一个重要参考值, 因为这个条件下的参数更贴合实际。

3. V_{OC} 开路电压

组件在未加负载情况下的电压值,此种情况下电压最大。

4. 短路电流(I_{sc})

组件在未加负载且正负极直接连接后的电流,此种情况下电流最大。

5. 最大峰值电压(V_{mpp})

在最大输出功率(maximum power point)下的电压值。

6. 最大峰值电流(I_{mpp})

在最大输出功率下的电流值。

7. 温度系数(temperature coefficient)

材料的部分属性会随着温度变化而发生变化,所谓温度系数,就是指材料的物理属性随着温度变化而变化的速率。

对于组件来说,这个参数是表征组件的电流、电压、功率随温度变化的情况,一般考虑开路电压、短路电流和峰值功率 3 个值的温度系数,其中只有短路电流和温度是正相关,电压、功率和温度是负相关的,即短路电流会随着温度升高而变大,电压和功率会随着温度升高而减小。所以当设计组件为最大串联数时,温度就是一个必须考虑的因素。

三、组件的输出功率

组件的输出功率和太阳辐射度和温度有关(不考虑逆变器等设备因素)。影响辐射度的因素有以下 5 个方面。

1. 太阳高度角或纬度

太阳高度角越大,太阳辐射经过大气的路程就越短,大气对太阳辐射的削弱作用越小,则到达地面的太阳辐射越强;太阳高度角越大,等量太阳辐射散布的面积越小,太阳辐射越强。例如,中午的太阳辐射强度比早晚的强。

2. 海拔高度

海拔越高,空气越稀薄,大气对太阳辐射的削弱作用越小,则到达地面的太阳辐射越强。例如,青藏高原是我国太阳辐射最强的地区。

3. 天气状况

晴天云少,对太阳辐射的削弱作用小,到达地面的太阳辐射强。例如,四川盆地多云雾阴雨天气,太阳辐射弱,是我国太阳辐射最低值区。

4. 大气透明度

大气透明度高,则对太阳辐射的削弱作用小,到达地面的太阳辐射强。

5. 大气污染的程度

污染重,则对太阳辐射削弱强,到达地面的太阳辐射弱。雾霾天气对光伏组件影响非常大,在河北保定等雾霾天气严重的地区,全年发电量要比理论值少10%左右。

影响组件最大输出功率的主要因素是太阳辐照度和温度(不考虑逆变器等设备因素)。太阳辐射度极限值是太阳常数,为 1 368 W/m²。太阳辐射到达地球表面后,受到天气等各方面影响,最高值约 1 200 W/m²,组件的功率温度系数约 $-0.39\%/℃$,组件温度下降,组件的功率会升高。一块功率为 250 W 的组件,在不考虑设备损耗的情况下,在我国日照条件较好的地区,如宁夏北部、甘肃北部、新疆南部等地区,最大输出功率有可能达到 300 W。

四、光伏组件检查和维护

光伏组件是光伏电站发电的核心元器件,为了光伏电站发电量正常运行,需要对光伏电站元器件组件进行检查和维护。

(1) 充分了解光伏组件参数(表 2-2-6),按照要求对光伏组件做出详细运维计划。

表 2-2-6　光伏组件参数

编号	项目名称	数据
1	太阳电池种类	
2	太阳电池组件型号	
3	组件标准峰值参数	
4	标准功率(W)	
5	峰值电压(V)	
6	峰值电流(A)	
7	短路电流(A)	
8	开路电压(V)	
9	组件效率	
10	可耐系统最大电压(V)	
11	外形尺寸(mm)	
12	重量(kg)	

(2) 积极检查组件的积灰、脏污情况，若积灰、脏污情况严重需安排清扫。

(3) 清洗时间的选择。光伏电站的光伏组件清洗工作应选择在清晨、傍晚、夜间或阴雨天进行，严禁选择中午前后或太阳辐射比较强烈的时段进行清洗工作。主要考虑两个原因：一是防止清洗过程中因为人为阴影造成光伏阵列发电量损失，甚至发生热斑效应；二是中午或光照较好时组件表面温度相当高，防止冷水激在玻璃表面造成玻璃或组件损伤。

在早晚清洗时，需要选择阳光暗弱的时间段进行。也可以考虑在阴雨天气进行清洗，此时因为有降水的帮助，清洗工作会相对高效和彻底。

清洗过程须注意人员安全，佩戴安全用具，防止漏电、碰伤等情况发生。在清洗过程中严禁踩踏或其他借力于组件板和支架的行为。

(4) 清洗周期和清洗区域的规划。由于大型光伏电站占地很大，组件数量庞大，而每天适宜进行清洗作业的时间又较短，因此光伏电站的清洗需按照电站电气结构来进行规划，减少发电量的损失。

(5) 清洗步骤。常规清洗可分为普通清扫和冲洗清洁。

普通清扫：用干燥的小扫把或抹布将组件表面的附着物（如干燥浮灰、树叶等）扫掉。对于紧附于玻璃表面的硬性异物（如泥土、鸟粪等黏稠物体），则可用稍硬的刮板或纱布进行刮擦处理，但需注意不能使用硬性材料来刮擦，防止破坏玻璃表面。根据清扫效果来看是否要进行冲洗清洁。

冲洗清洁：对于紧密附着在玻璃表面的有色物质（如鸟粪的残余物、植物汁液等或者湿土等无法清扫掉的物体），则需要通过清洗来处理。清洗过程一般使用清水，配合柔性毛刷来进行清除。如遇到油性污渍等，可用洗洁精或肥皂水等对污染区域进行单独清洗。

注意事项：应使用干燥或潮湿的柔软洁净的布料擦拭光伏组件，严禁使用腐蚀性溶剂或硬物擦拭光伏组件；应在辐照度低于 200 W/m^2 的情况下清洁光伏组件，不宜使用与组件温差较大的液体清洗组件；严禁在风力大于 4 级、大雨或大雪的气象条件下清洗光伏组件；光伏组件上的带电警告标识不得丢失；检查组件接线盒的连接情况，确认有无松动、发热、变色现象，如有，应及时进行处理。

五、光伏组件的清洗

光伏组件清洗方法一般有人工清洗、智能清扫机器人清洗、大型清洗机器喷枪清洗 3 种。

1. 人工清洗

人工干洗的操作方式是清洁人员采用长柄绒拖布配合专用洗尘剂进行清洗。干洗的工作周期约为 3 天/10 MW，费用约为 12 000～13 000 元/10 MW。

清洗剂：白云洁霸（SUPERJEEBA）油性静电吸尘剂。

主要原理：利用静电吸附原理，可吸附灰尘和沙粒，增强尘推吸尘去污能力，能有效地避免在清扫时的灰尘沙粒飞扬。

干洗的缺点：其一，不同清洁人员的力量不同，对组件造成的压力不同，会使得组件变形过大，造成电池片隐裂。其二，干洗组件效果不佳，常常因拖把沾有过多灰尘，在组件表面上留有部分痕迹,造成大面积阴影遮挡。

人工水洗的操作方式是使用有蓄水功能的交通工具(如装有水箱的拖拉机或城市洒水车),配合不超过 0.4 MPa 的压力喷头来清洗组件。

水洗的缺点:其一,水压过大时会造成电池片隐裂,而由于水压越大,清洗速度和效果越好,清洁人员极难控制喷头水压。其二,水洗后组件自行晾干,组件表面会形成水渍,这对于组件来说就是微型阴影遮挡。

2. 智能清扫机器人清洗

为有效提高清洗光伏组件表面灰尘的效率,使用智能清扫机器人进行定期清扫,能彻底清除组件表面的灰尘及污垢,从而提升发电效率。其方式是电站给每排光伏组件安装一台清扫机器人,机器人自动定期清扫,无须人值守。

智能清扫机器人清洗适用于建造于地势平坦处的光伏电站,一般每兆瓦需要安装 12 台智能清扫机器人。

与传统清洁方式相比,智能清扫机器人清洗有如下六大优势:

(1) 自供电,并带有储能装置,无须提供外部电源。

(2) 智能控制、无人值守,节省人工费用。

(3) 无水清洁,节能环保、节约用水。

(4) 运行频次自由设定,根据厂区环境定期清洁。

(5) 机器人清扫用力均匀,不会造成电池片隐裂。

(6) 机器人可以夜间工作。

缺点:机器人有时候会被安装不平整的组件边框卡住,导致无法正常归位,清洁人员在现场难以找到机器人停留的位置。

除清扫灰尘外,智能清扫机器人还可清扫组件上的积雪(图 2-2-2)。

图 2-2-2　智能清扫机器人清扫组件上的积雪

3. 大型清洗机器喷枪清洗

目前用工程车辆改装的清洁设备功率大、效率高,清洗工作对组件产生的压力一致性好,不会对组件产生不均衡的压力,不易造成组件隐裂,而且清洗可采取清扫和水洗 2 种模式(图 2-2-3)。

大型清洗机器喷枪清洁后 10 MWp 光伏阵列日均发电量显著提高 5% 以上,1 MWp 日均发电量提高 250 kW·h。

图 2-2-3 大型清洗机器喷枪清洗

六、注意事项

1. 光伏电站的除尘时机

除尘时应尽量避开光伏电站最佳工作时间。在高温和强烈光照下,光伏电站有高电压、大电流,稍有不慎会给清洁人员带来电击伤害,还有可能破坏组件。建议选择清晨、傍晚进行组件清洁工作,因为这些时段光伏电站工作效率低、发电量小,可减小清扫的风险。另外,在这些时段除尘可以避免清洁人员带来的组件阴影遮挡。建议清洁光伏组件玻璃表面使用柔软的刷子和干净温和的水,清洁时使用的力度要小,以避免损坏玻璃表面,有镀膜玻璃的组件要注意避免损坏玻璃层。

2. 光伏设备各方面的安全维护

(1)要注意光伏设备的安全。光伏电站由众多支架、拉线和螺丝来支撑和固定,在清洁组件的时候要注意不要打破电站的支撑平衡,碰伤支架镀锌层导致生锈。顺便检查逆变器、控制箱等设备是否运行正常,各个接线是否牢固,线路绝缘性能是否正常、有无破损现象,特别要检查逆变器的风扇是否正常运转(图 2-2-4)。

图 2-2-4 技术人员正在检查光伏组件

(2)要重点注意组件的安全。在排除漏电隐患的前提下,先要用软布进行清擦再进行清洗,最后擦干浮在组件表面的水珠,确保清理过程中的组件安全。

(3)要注意人身安全。清洁时更需要注意踏空或下滑擦伤与摔伤的风险。

3. 清理要有一定的周期性

我国北方雾霾严重,道路交通发达、车辆多,导致户用光伏电站上面的灰尘无时不在。通常情况下每周除尘一次,遇到暴雪或沙尘等天气,则要随之变化,增加清洗频率。

任务实施

一、实训材料与工具

户外光伏组件 10 个,扫把 10 个,抹布 10 块。

二、实训步骤

1. 写出光伏组件参数。
2. 按照要求针对光伏组件做出详细运维计划。
3. 清洗光伏组件。

三、实训评价

根据表 2-2-7 对学生完成本次工作实训任务的表现进行评价。

表 2-2-7 实训评价表

任务	评价标准	配分	得分
光伏组件参数	(1) 参数不完整:扣 1~15 分 (2) 参数数值不正确:扣 1~15 分	30 分	
制订计划	(1) 计划制订不完整:扣 1~15 分 (2) 计划制订不合理:扣 1~15 分	30 分	
清洗光伏组件	(1) 清洗步骤不正确:扣 1~15 分 (2) 清洗方法不正确:扣 1~15 分 (3) 清洗不干净:扣 1~10 分	40 分	
合计		100 分	
学生自评: 学生签字: 年 月 日			
教师评价: 教师签字: 年 月 日			

任务思考

如果你是光伏电站的运维人员,清洗光伏组件还需要注意哪些问题?

任务三
光伏汇流箱的运行与维护

子任务一　光伏汇流箱的运行

◇ 任务背景

光伏电站在调试和运维期间,汇流箱故障占整个电站故障原因的 20%～30%。有问题的汇流箱容易引发火灾,严重威胁财产和人身安全。光伏汇流箱是光伏系统的重要部件,在选择设备时,需要从材料、设计、工艺、检测、认证等多个方面进行挑选,从而降低设备故障的可能性,减少运维的成本,增加光伏系统的安全系数。

◇ 任务分析

本任务从汇流箱功能、汇流箱展示、技术参数、接线原理图、安装工具、安装注意事项、接线等方面介绍光伏汇流箱,让同学们深入了解汇流箱及其安装方法。

◇ 任务资讯

一、光伏汇流箱概述

光伏汇流箱是保证光伏组件有序连接、实现汇流功能的接线装置。电站工作人员可以将一定数量规格相同的光伏电池串联起来,组成光伏串列,然后再将若干个光伏串列并联接入光伏汇流箱,在光伏汇流箱内汇流后,与控制器、直流配电柜、光伏逆变器、交流配电柜配套使用,从而构成完整的光伏发电系统,实现与市电并网。该装置能够保障光伏系统在维护、检查时易于切断电路,且能够在光伏系统发生故障时缩小停电的范围。

二、光伏汇流箱的组成

1. 箱体

箱体一般采用钢板喷塑、不锈钢、工程塑料等材料,外形美观大方,结实耐用,安装简单方便,防护等级达到 IP 54 以上,防水、防尘,可满足户外长时间使用的要求。

2. 直流断路器

直流断路器是整个汇流箱的输出控制器件,主要用于线路的分/合闸。由于太阳能组件所发电能为直流电,在电路开断时容易产生拉弧,因此,在选型时要充分考虑其温度、高海拔降容系数,且一定要选择光伏专用直流断路器。

3. 直流熔断器

在组件发生电流倒灌时,光伏专用直流熔断器能够及时切断故障组串(图 2-3-1)。光伏组件所用直流熔断器是专为光电系统而设计的专用熔断器(外形尺寸 10 mm × 38 mm),采用专用封闭式底座安装,避免组串之间发生电流倒灌而烧毁组件。当发生电流倒灌时,直流熔断器能迅速让故障组串退出系统运行,同时不影响其他正常工作的组串,保护光伏组串及其导体免受逆向过载电流的威胁。

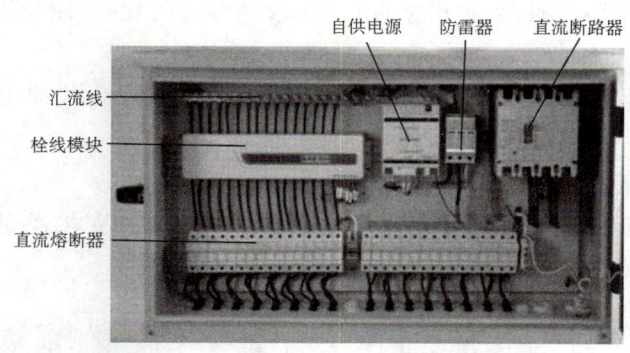

图 2-3-1 光伏汇流箱内部结构

4. 防反二极管

汇流箱中的二极管与组件接线盒中的二极管的作用是不同的。组件接线盒中的二极管主要是当电池片被遮挡时为其提供续流通道,而汇流箱中的二极管主要是防止组串之间产生环流。

5. 数据采集模块

为了便于监控整个电站的工作状态,一般均在一级汇流箱内增设数据采集模块。该模块采用霍尔电流传感器和单片机技术,对每路光伏阵列的电流信号(模拟量)采样,经交流-直流转换变成数字量后,变换为标准的 RS-485 数字量信号输出,方便电站工作人员实时掌握整个电站的工作状态。

6. 保护单元

保护单元为光伏发电系统专用的防雷产品,具有过热、过流双重自保护功能;采用模块化设计,可带电更换,并有劣化显示窗口;可带遥信告警装置,利用数据采集模块,可实现远程监控。

7. 人机界面

数据采集单元设有人机界面,通过人机界面可查看设备的工作实时状态,通过键盘实现设备参数的本地设定。

三、光伏汇流箱的分类

汇流箱从功能上可分为 3 种:第一种为基本型,不带防反和监控功能;第二种带防反功能,不带监控功能;第三种既带防反功能又带监控功能,是汇流箱中功能最全、成本和价格最高的。

四、光伏汇流箱的运行规程

(1) 投切汇流箱熔断器时,工作人员必须使用绝缘工具,防止触电。

(2) 在进行汇流箱维护时,须取下汇流箱各支路保险及断开连接的电池组串,断开直流配电柜对应的开关,并悬挂标示牌。

(3) 在相同的外部条件下,同一光伏组件表面温度差异应小于 20 ℃;在相同的外部条件下,测量接入同一汇流箱的组件的输入电流,其偏差不应超过 5%。工作人员工作时,应使用绝缘工具,防止触电。

(4) 直流柜开关跳闸时,应对相应的汇流箱和电缆进行检查,测量绝缘正常后方可合闸送电。

(5) 检查时不得触碰其他带电回路,确保使用的工具绝缘良好,防止造成短路。现场检查人员最少两个人一组,相互监护作业。

五、光伏汇流箱产品展示

以 4 汇 1 的交流汇流箱(400 V/50 kW)为例,共有 4 台 50 kW 的逆变器,如图 2-3-2 和图 2-3-3 所示。

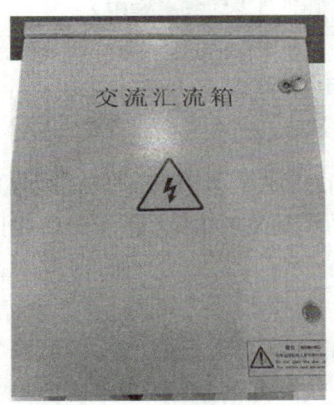
图 2-3-2 交流汇流箱外壳

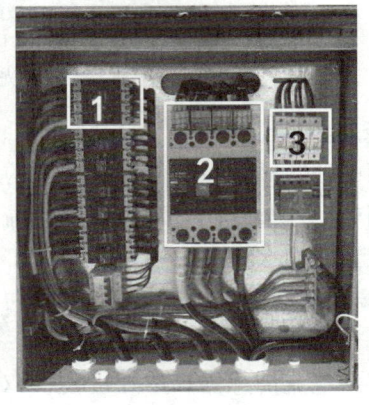
图 2-3-3 交流汇流箱内部

标号 1:逆变器输出端直接连接到该 4P 断路器上,断路器可以迅速切断故障电流。逆变器最大交流输出电流为 80 A,空开规格按照逆变器最大电流的 1.25 倍,选择 100 A 的塑壳断路器。

标号 2:三台逆变器汇流之后总的断路器是额定电流为 350 A 的塑壳断路器。接到该断路器的电缆通过铜排连接,线径为 150 mm。

标号 3:熔断器(俗称"保险")是一种过电流保护器,当被保护电路的电流超过规定值,熔丝熔断使电路断开,起到保护的作用,一般在防雷浪涌失效之后才会动作。可以选择 100 A 的熔断器。

标号 4:浪涌保护器用于抑制瞬态过压低于设备耐受冲击过电压,泄放电涌能量,从而保护系统电路及设备。一般规格为 U_c 750 V、I_{max} 40 kA、I_n 20 kA、$U_p \leqslant 2.6$ kV。浪涌的下面一定要接地。

六、光伏汇流箱技术参数

光伏汇流箱技术参数见表 2-3-1。

表 2-3-1 光伏汇流箱的技术参数

参数		对应值
性能参数	输入电压范围(V_{AC})	0～690
	最大工作电压(V_{AC})	≤690
	每路最大输入电流(A)	100
	并联输入路数	4
	最大输出电流(A)	400
	认证情况	3C
元件参数	输入接线截面积(mm²)	ZC-YJV-0.6/1 kV 3×35
	输出电缆截面积(mm²)	ZC-YJV-0.6/1 kV 3×185
	输出连线数目	1路输出,1路接地
	接地线线径(mm²)	固定连接保护接地导体大于10平方(铜)
外观信息	外壳信息	1.5厚镀锌钢板
	防护等级	IP 65
环境要求	储存环境温度要求(℃)	－40～＋70
	使用环境温度要求(℃)	－25～＋50
	海拔(m)	≤2 000

七、光伏汇流箱接线原理图

光伏汇流箱接线原理如图 2-3-4 所示。

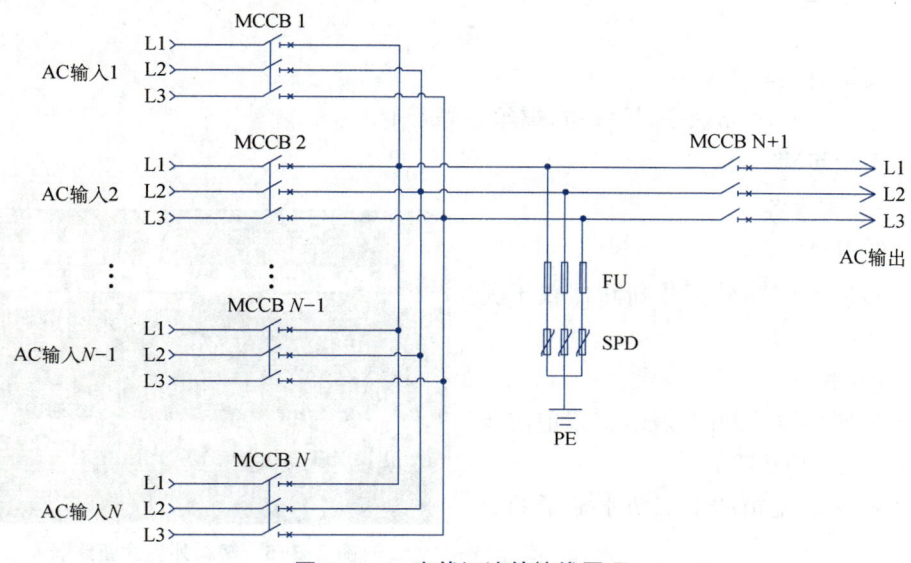

图 2-3-4 光伏汇流箱接线原理

八、光伏汇流箱安装工具介绍

光伏汇流箱安装工具见表 2-3-2。

表 2-3-2　光伏汇流箱安装工具

名称	功能	名称	功能	名称	功能
十字螺钉	紧固螺钉	内六角扳手	紧固螺钉	扳手	紧固螺钉
力矩扳手	设定扭矩	斜口钳	修剪线	剥线钳	剥离线缆外皮
液压钳	压接线鼻子	电钻	钻孔	卷尺	测量距离
角尺	测量距离	水平尺	检查是否水平	铅垂测量仪	检查垂直偏差
扎带	绑扎线缆	手套	安装时佩戴	绝缘胶带	包扎裸线
万用表	测量电阻和电压及电流	摇表	测绝缘电阻	剪刀	修剪热缩管

九、光伏汇流箱安装注意事项

(1) 箱体的防护等级为 IP 65，适合户外安装。

(2) 汇流箱的安装位置应充分考虑其外形尺寸及质量。

(3) 汇流箱的安装环境温度为 $-25\sim 60$ ℃，相对湿度为 $0\%\sim 95\%$。

(4) 汇流箱应安装在干燥、通风良好、防尘的地方。

(5) 进出线形式及安装方式：铠装电缆下进下出，室外光伏组件支架后立柱悬挂安装。

(6) 避免安装在太阳直射的地方，否则过高的温度会减少系统发电量，还可能影响汇流箱的使用寿命。

(7) 为了更好地散热且方便日常维护，安装汇流箱的四面应保持足够的空间。

任务实施

一、实训材料与工具

汇流箱 10 个，六角扳手、压线钳、螺丝刀等若干。

二、实训步骤

1. 接线前准备

(1) 打开汇流箱；

(2) 将所有塑料外壳式断路器置于脱扣状态（图 2-3-5）。

2. 输入接线

(1) 按照接线原理图接线，接线前需要确认相序、无接地故障。

(2) 拧松汇流箱的下端防水端子的收紧螺帽。

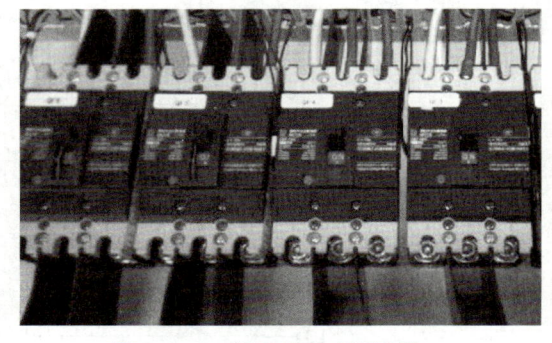

图 2-3-5　塑料外壳式断路器

(3) 将输入电缆穿过白色电缆接头,线缆长度要留有余量,以便汇流箱内部弯曲固定。

(4) 压接线鼻子。

(5) 用6号内六角扳手(图2-3-6)把断路器输入端3套M8内六角螺钉松掉,断路器入端按三相黄从左至右顺序接线,接6组输入线,M8螺钉扭矩11 N·m。

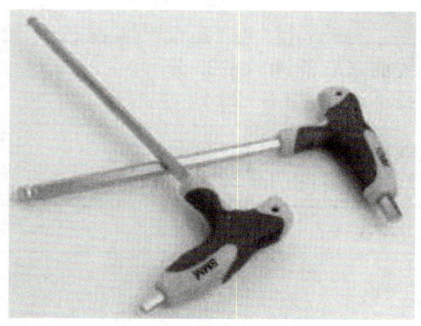

图 2-3-6　内六角扳手

(6) 旋紧进线电缆接头的收紧螺帽。

3. 输出接线

(1) 工具:压线钳、长柄十字螺丝刀、M10内六角套筒扳手(M6)。

(2) 汇流箱的输出端接法和输入端接法类似,将线缆剥好线,将铜鼻子套在剥开的线上(图2-3-7)。

(3) 使用压线工具进行压线(图2-3-8)。

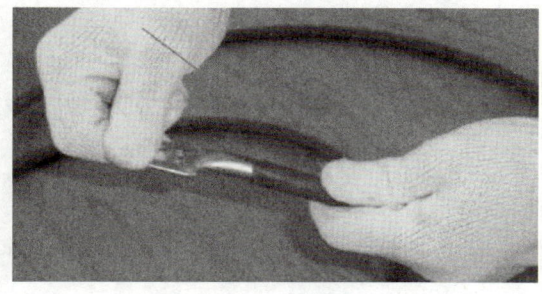

图 2-3-7　汇流箱的输出端接法

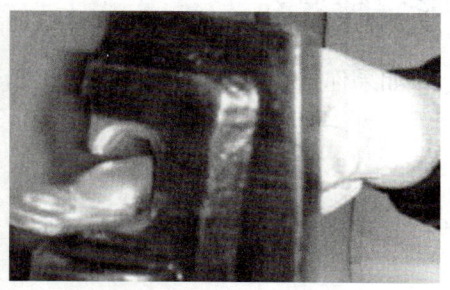

图 2-3-8　使用压线工具进行压线

(4) 套相应的热缩管,正极为红色,负极为黑色。

(5) 拧松防水接头,逆时针方向旋转,将导线穿过电缆接头。

(6) 将做好的导线接到断路器输出端铜排,旋紧输出端的M10螺钉(扭矩25 N·m),再将线理整齐。

(7) 顺时针方向拧紧防水接头。

三、实训评价

根据表 2-3-3 对学生完成本次工作实训任务的表现进行评价。

表 2-3-3 实训评价表

任务	评价标准	配分	得分
接线前准备	所有塑料外壳式断路器未置于脱扣状态:扣1~20分	20分	
输入接线	(1) 接线前未准备:扣1~20分 (2) 接线不正确:扣1~20分	40分	
输出接线	(1) 接线前未准备:扣1~20分 (2) 接线不正确:扣1~20分	40分	
合计		100分	

学生自评:

学生签字:　　　　　年　　月　　日

教师评价:

教师签字:　　　　　年　　月　　日

◆ 任务思考

如果你是一名光伏电站运维人员,你如何选择汇流箱?

子任务二　光伏汇流箱的维护

◇ 任务背景

目前,国内一些光伏电站的电气设备在经过数年运行后故障不断发生,光伏电站设备质量参差不齐等问题开始困扰光伏企业,使光伏企业"雪上加霜"。光伏电站部件质量问题占所有故障问题的50%,其中,逆变器和汇流箱成为事故的高发部件(图2-3-9)。

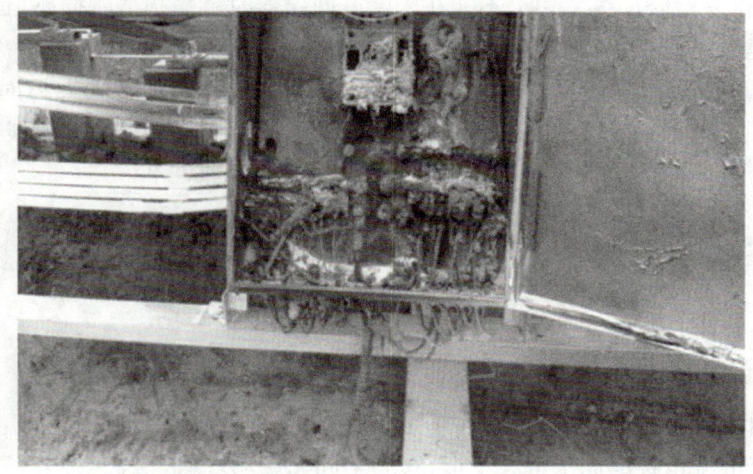

图2-3-9　光伏汇流箱烧毁

◇ 任务分析

汇流箱是光伏发电系统中一个承前启后的部件,前有光伏电池阵列,后有逆变器,所以是一个非常重要的部件。由于安装在室外,汇流箱长期受到雨雪侵袭,工作环境十分严酷。通过本任务的学习,同学们将学会完成汇流箱的巡视维护工作。

◇ 任务资讯

一、光伏汇流箱的作用

在光伏发电系统中,数量庞大的光伏电池组件进行串并组合达到需要的电压电流值,以使发电效率达到最佳。光伏汇流箱的主要作用就是对光伏电池阵列的输入进行一级汇流,减少光伏电池阵列接到逆变器的连线,优化系统结构,提高可靠性和可维护性。在提供汇流防雷功能的同时,还可监测光伏电池板运行状态,汇流后电流、电压、功率、防雷器状态,直流断路器状态;具有继电器接点输出等功能,可以把测量和采集到的数据上传到监控系统。

以直流汇流箱为例,除汇流和防雷的主要作用外,还具备电压、电流、温度的数据采集和工作状态监控,不平衡和失效报警,数据传输等功能。

各发电企业对光伏电站的使用寿命规定为 25 年,在它的全生命周期里,各元器件能否经受住考验,业内都没有一个统一标准。

为了掌握光伏组件设备的运行状况,及时发现和消除设备缺陷,预防事故的发生,确保完成发电计划,应认真做好设备巡视检查工作。

二、检修汇流箱时的注意事项

在检修汇流箱某一支路时,一定要先断开断路器,再扳开要检修支路的保险盒,然后合上断路器,再去检修汇线。切记不能在未断开断路器时就去拔 M4 插头,也不能在未断开断路器的情况下直接去扳开保险盒,以免造成人身安全事故。

在检修汇流箱时,养成习惯性地将所有螺钉紧固一遍。在紧固螺钉时一定要注意安全,避免手同时触碰到正负极接线端,或者同时触碰到正极和 PE 线或者负极和 PE 线。

◆ 任务实施

一、实训材料与工具

汇流箱 10 个,钳形数字万用表 10 台。

二、实训步骤

(1) 检查汇流箱各部件正常无变形,安装牢固无松动现象。

(2) 检查汇流箱外观干净无积灰、设备标号无脱落,设备标号字迹清晰准确。

(3) 检查汇流箱锁具完好,密封性良好。

(4) 汇流箱正常运行时各熔断器全部投入运行,采集板运行正常,防雷器、开关全部投入运行。

(5) 检查各元件无过热、异味、断线等异常现象,各电气元件状态符合运行要求。

(6) 采集板电源模块运行指示灯亮,各元件无异常。

(7) 防雷模块无击穿现象。

(8) 各支路保险无明显破裂。

(9) 检查汇流箱的开关配置正确,无脱口,保护定值正确。

(10) 检查数据采集器指示正常,信号显示与实际工况相符。

(11) 汇流箱柜体接地线连接可靠;出现断裂、脱落现象及时向当班值长汇报并进行处理。

(12) 检查汇流箱进出线电缆完好,无变色、掉落、松动或断线现象。

三、实训评价

根据表 2-3-4 对学生完成本次工作实训任务的表现进行评价。

表 2-3-4 实训评价表

任务	评价标准	配分	得分
检查汇流箱外观以及部件	(1) 未检查汇流箱外观:扣 1~15 分 (2) 未检查汇流箱各部件:扣 1~15 分	30 分	
检查汇流箱各电气元件	(1) 电气元件未正常工作:扣 1~20 分 (2) 电气元件损坏:扣 1~20 分	40 分	
检查汇流箱接地	接地损坏:扣 1~15 分	15 分	
检查汇流箱进出电缆	电缆线损坏:扣 1~15 分	15 分	
合计		100 分	
学生自评:			
	学生签字:	年 月 日	
教师评价:			
	教师签字:	年 月 日	

◆ 任务思考

光伏发电站运维人员在检修汇流箱时还需要注意哪些问题?

任务四
光伏控制器的运行与维护

子任务一 光伏控制器的运行

📘 任务背景

光伏发电系统控制器,简称光伏控制器,是对光伏发电系统进行管理和控制的设备,是整个光伏发电系统的核心部分。在不同类型的光伏发电系统中,控制器不尽相同,其功能多少及复杂程度差别很大,其选用要根据系统的要求及重要程度来确定。光伏控制器的作用是协调系统各部分正常工作,确保系统安全、可靠运行。随着计算机技术的发展,电气自动化技术也随之快速发展,出现了各种各样的符合不同要求的自动化装置。如今,很多光伏发电系统都引入了多功能、智能化的光伏控制器。

📘 任务分析

随着光伏发电系统、风力发电系统和风光互补发电系统容量的不断增加,设计者和用户对系统运行状态及运行方式合理性的要求越来越高,系统的安全性也更加突出和重要。因此,近年来设计者要赋予控制器更多的保护和监测功能。目前,先进的光伏发电系统控制器已经使用微处理器实现软件编程和智能控制。

📘 任务资讯

光伏控制器是用于光伏发电系统中,控制多路太阳能电池方阵对蓄电池充电以及蓄电池给太阳能逆变器负载供电的自动控制设备。光伏控制器采用高速CPU微处理器和高精度A/D模数转换器,是一个微机数据采集和监测控制系统,既可快速实时监控光伏系统当前的工作状态,随时获得光伏发电站的工作信息,又可积累光伏发电站的详细历史数据,为评估光伏发电系统设计的合理性及检验系统部件质量的可靠性提供准确而充分的依据。此外,光伏控制器还具有串行通信数据传输功能,可对多个光伏系统子站进行集中管理和远距离控制。

一、光伏控制器分类

光伏控制器基本上可分为5种类型:并联型、串联型、脉宽调制型、智能型和最大功率跟踪型。

1. 并联型控制器

当蓄电池充满时，利用电子部件把光伏阵列的输出分流到内部并联电阻器或功率模块上，然后以热能的形式消耗掉。因为这种方式消耗热能，所以一般用于小型低功率系统，例如电压在 12 V 以下、电流在 20 A 以内的系统。这类控制器很可靠，没有如继电器之类的机械部件。

2. 串联型控制器

利用机械继电器控制充电过程，并在夜间切断光伏阵列。它一般用于较高功率系统，继电器的容量决定充电控制器的功率等级。串联型控制器比较容易制造 45 A 以上的连续通电电流。

3. 脉宽调制型控制器

它以 PWM(Pulse Width Modulation，脉冲宽度调制)方式开关光伏阵列的输入。当蓄电池趋向充满时，脉冲的频率和时间缩短。这种充电过程能达到较理想的充电状态，延长光伏系统中蓄电池的总循环寿命。

4. 智能型控制器

采用带 CPU 的单片机[如英特尔(Intel)公司的 MCS51 系列或美国微芯(Microchip)公司的 PIC 系列]对光伏发电系统的运行参数进行高速实时采集，并按照一定的控制规律由软件程序对单路或多路光伏阵列进行切离/接通控制。智能型控制器还可通过单片机的 S232 接口配合 MODEM 调制解调器对中、大型光伏发电系统进行远距离控制。

5. 最大功率跟踪型控制器

这类控制器能判断太阳电池此时的输出功率是否达到最大，若不在最大功率点运行，则调整脉宽，调制输出占空比，改变充电电流，再次进行实时采样，并作出是否改变占空比的判断。通过这样的寻优过程，可保证太阳电池始终在最大功率点运行，以充分利用太阳电池方阵的输出能量。同时采用 PWM 调制方式，使充电电流成为脉冲电流，以减少蓄电池的极化，提高充电效率。

任务实施

一、实训材料与工具

SDCC 型光伏控制器 10 台，连接线、蓄电池、光伏组件、负载等若干。

二、实训步骤

(1) 导线的准备。建议使用多股铜芯绝缘导线。先确定导线长度，在确定安装位置的情况下，尽可能减少连线长度，以减少电损耗。按照不大于 4 A/mm^2 的电流密度选择铜导线截面积。将控制器一侧的接线头剥去 5 mm 的绝缘。

(2) 先连接控制器上蓄电池的接线端子，再将另外的端头连至蓄电池上，注意正负极不要接反。如果连接正确，蓄电池指示灯应亮，可通过按压按键来检查；否则，需检查连接是否正确。如发生反接，不会烧断熔丝及损坏控制器任何部件。熔丝只作为控制器本身内部电路损坏短路的最终保护。

(3) 连接光伏阵列导线。先连接控制器上光电池的接线端子,再将另外的端头连至光伏阵列上,注意正负极不要接反。如果有阳光,充电指示灯应亮;否则,需检查连接是否正确。

(4) 负载连接。将负载的连线接到控制器上的负载输出端,注意正负极性,不要接反,以免烧坏电器。

三、实训评价

根据表 2-4-1 对学生完成本次工作实训任务的表现进行评价。

表 2-4-1　实训评价表

任务	评价标准	配分	得分
准备导线	(1) 不能选择正确的导线:扣 1~15 分 (2) 不能确定导线的长度:扣 1~15 分	30 分	
与蓄电池的连接	(1) 接线不正确:扣 1~20 分 (2) 正负极连接不正确:扣 1~20 分	40 分	
与光伏阵列的连接	接线不正确:扣 1~15 分	15 分	
与负载的连接	接线不正确:扣 1~15 分	15 分	
合计		100 分	
学生自评:			
	学生签字:	年　月　日	
教师评价:			
	教师签字:	年　月　日	

📖 任务思考

光伏控制器应用在什么类型的光伏电站上?

子任务二　光伏控制器的维护

任务背景

随着光伏行业的快速发展,光伏控制器得到了广泛的应用。光伏控制器具有全智能、全自动、全人性化的优点,但也容易出现故障。控制器作为光伏系统的核心部件,必然是系统运维过程中的"重点关照对象"。

任务分析

在光伏发电系统中,控制器的作用是把光伏组件发出来的电,经过追踪和变换储存于蓄电池之中;除此之外,还有保护蓄电池、防止蓄电池过充过放等功能。控制器常用于离网系统、直流耦合的储能系统中。控制器输出的是直流电,也可单独给直流负载使用。通过本任务的学习,同学们将学会光伏控制器的维护。

任务资讯

一、光伏控制器的主要技术参数

1. 系统电压

系统电压也称额定工作电压,是指光伏发电系统的直流工作电压,一般为 12 V 和 24 V;中、大功率控制器也有 48 V、110 V、220 V 等规格。

2. 最大充电电流

最大充电电流是指太阳能电池元件或方阵输出的最大电流,根据功率大小分为 5 A、6 A、8 A、10 A、12 A、15 A、20 A、30 A、40 A、50 A、70 A、100 A、150 A、200 A、250 A、300 A 等多种规格。有些厂家用太阳能电池元件最大功率来表示这一内容,间接地体现了最大充电电流这一技术参数。

3. 太阳能电池方阵输入路数

小功率光伏控制器一般都是单路输入,而大功率光伏控制器都是由太阳能电池方阵多路输入。一般大功率光伏控制器可输入 6 路,最多的可输入 12 路、18 路。

4. 电路自身损耗

控制器的电路自身损耗也是其主要技术参数之一,也称空载损耗(静态电流)或最大自消耗电流。为了降低控制器的损耗,提高光伏电源的转换效率,控制器的电路自身损耗要尽可能低。控制器的最大自身损耗不得超过其额定充电电流的 1%或 0.4 W。根据电路不同自身损耗一般为 5～20 mA。

5. 蓄电池过充电保护电压(HVD)

蓄电池过充电保护电压也称充满断开电压或过压关断电压,一般可根据需要及蓄电池类型的不同,设定在 14.1～14.5 V(12 V 系统)、28.2～29 V(24 V 系统)和 56.4～58 V(48 V 系统),典型值分别为 14.4 V、28.8 V 和 57.6 V。蓄电池充电保护的关断恢复电压(HVR)一般设定在 13.1～13.4 V(12 V 系统)、26.2～26.8 V(24 V 系统)和 52.4～53.6 V(48 V 系统),典型值分别为 13.2 V、26.4 V 和 52.8 V。

6. 蓄电池过放电保护电压(LVD)

蓄电池的过放电保护电压也称欠压断开电压或欠压关断电压,一般可根据需要及蓄电池类型的不同,设定在 10.8～11.4 V(12 V 系统)、21.6～22.8 V(24 V 系统)和 43.2～45.6 V(48 V 系统),典型值分别为 11.1 V、22.2 V 和 44.4 V。蓄电池过放电保护的关断恢复电压(LVR)一般设定在 12.1～12.6 V(12 V 系统)、24.2～25.2 V(24 V 系统)和 48.4～50.4 V(48 V 系统),典型值分别为 12.4 V、24.8 V 和 49.6 V。

7. 蓄电池充电浮充电压

蓄电池的充电浮充电压一般为 13.7 V(12 V 系统)、27.4 V(24 V 系统)、和 54.8 V(48 V 系统)。

8. 温度补偿

控制器一般都具有温度补偿功能,以适应不同的环境工作温度,为蓄电池设置更为合理的充电电压。控制器的温度补偿系数应满足蓄电池的技术发展要求,其温度补偿值一般为 －20～－40 mV/℃。

9. 工作环境温度

控制器的使用或工作环境温度范围随厂家不同一般在 －20～50 ℃。

10. 其他保护功能

(1) 控制器输入、输出短路保护功能。控制器的输入、输出电路都要有短路保护电路,提供波保护功能。

(2) 防反充保护功能。控制器要具有防止蓄电池向太阳能电池反向充电的保护功能。

(3) 极性反接保护功能。太阳能电池元件或蓄电池接入控制器,当极性接反时,控制器要具有保护电路的功能。

(4) 防雷击保护功能。控制器输入端要具有防雷击的保护功能,避雷器的类型和额定值应能确保吸收预期的冲击能量。

(5) 耐冲击电压和冲击电流保护。在控制器的太阳能电池输入端施加 1.25 倍的标称电压并持续 1 小时,控制器不应该损坏。将控制器充电回路电流达到标称电流的 1.25 倍并持续 1 小时,控制器也不应该损坏。

二、光伏控制器的类型

目前控制器主要有两种硬件电气技术路线:脉冲宽度调试(PWM)方式和最大功率点

跟踪(MPPT)方式。两种方式各有其优点和缺点,可根据不同场景去选择。

1. PWM 控制器

早期的光伏控制器都是 PWM 的,这种电气结构简单,控制器由一个功率主开关、电容、驱动和保护电路组成,通过开关管的 PWM 占空比来控制输出电压。PWM 控制器电路如图 2-4-1 所示。

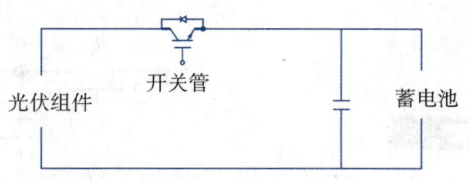

图 2-4-1　PWM 控制器电路

PWM 控制器只有一个开关连接太阳能阵列和电池板,随着电池被逐渐充满,电池电压升高,PWM 控制器会逐渐减少提供给电池的电量,光伏输出不一样会按最大功率输出。PWM 控制器具有蓄电池充放电管理功能,能防止蓄电池过充和过放。

由于 PWM 型控制器太阳能组件和蓄电池之间只有一个开关相连接,中间没有电感等分压装置,因此在设计时,组件的电压大约为蓄电池的电压 1.2～2 倍,如 24 V 的蓄电池,组件输入电压在 30～50 V,每串只能配一块组件;48 V 的蓄电池,组件输入电压在 60～80 V,每串只能配两块组件。

2. MPPT 控制器

MPPT 控制器是第二代太阳能控制器,同 PWM 控制器相比,多了一个电感和功率二极管,因此功能更强大。

(1) 它具有最大功率跟踪功能,在蓄电池充电期间,太阳能组件能以最大功率输出,除非电池达到饱和状态。

(2) 光伏组件的电压范围宽,控制器中间有一个功率开关管和电感等电路,组件的电压是蓄电池电压的 1.2～3.5 倍,如果是 24 V 的蓄电池,组件输入电压在 30～80 V,每串可以配一到两块组件;如果是 48 V 的蓄电池,组件输入电压在 60～110 V,每串可以配两到三块组件。

PWM 和 MPPT 控制器各有自身独特的优点和缺点,选择哪种方案取决于太阳能光伏阵列的设计特性、成本以及外部环境等条件。选择时要重点考虑以下两点因素:

① PWM 方式技术成熟,电路简单可靠,性能稳定,价格便宜,但组件的利用率较低,约为 80%。

② MPPT 太阳能控制器组件和蓄电池之间有一个 BUCK 降压电路,组件的利用率超过 90%,利用率高,但体积、质量较大,价格比较贵,电路复杂。

2 kW 以下的小型离网系统的主要用户是贫困无电地区,如偏远山区、某些非洲贫困国家,主要解决的是照明的需求,用户对价格很敏感,因此建议采用 PWM 控制器、修正波的逆变器,把控制器、逆变器和蓄电池做成一体。这种方式结构简单,效率高,用户接线方便,价格便宜,带动灯泡、小电视、小风扇也没有问题。2 kW 以上的离网系统建议采用 MPPT 控制器,组件利用率高,整机效率高,组件配置也比较灵活。SC4860-48120 MPPT 控制器如图 2-4-2 所示。MPPT 控制器电路如图 2-4-3 所示。

图 2-4-2　SC4860-48120 MPPT 控制器　　　图 2-4-3　MPPT 控制器电路

三、如何选择光伏控制器

（1）最好选择功耗相对低一些的控制器,因为控制器一般情况都会 24 h 不间断地工作,如果功耗很高,会大大消耗电能,非常不可取。

（2）要选择充电效率高的,而且还要有强充、均衡充、浮充三阶段式充电控制模式,从目前控制器的发展来看,大部分的控制器都具备这样的充电控制模式。

（3）非高精度控制的太阳能路灯控制器可能会因为产品设计不合理、选材用料差等导致其返修率高,可靠性差。所以需要选择高精度控制器,高精度既是产品设计精巧的综合体现,也是选材用料优良的体现,更是生产工艺高超的体现。高精度控制器能够保证产品质量,一定程度上能够降低维修率。

（4）选择两路能够进行太阳能充电的控制器是非常有好处的,有了这样的功能,能够方便灯盏的功率调节,能够自动关闭一路,或者两路照明,能够更好地节约用电,还能够对 LED 灯进行功率调节。为了避免蓄电池过放,可以将太阳能充电控制器的欠压保护值设置为大于等于 10.8 V。

任务实施

一、实训材料与工具

光伏运维设备 10 套。

二、实训步骤

1. 确定系统工作电压。
2. 确定控制器的额定输入电流和输入的路数。
3. 确定控制器的额定负载电流。
4. 确定控制器的额定功率。

三、实训评价

根据表 2-4-2 对学生完成本次工作实训任务的表现进行评价。

表 2-4-2　实训评价表

任务	评价标准	配分	得分
确定系统工作电压	系统工作电压不正确:扣 1~10 分	10 分	
确定额定输入电流和输入的路数	(1) 额定输入电流不正确:扣 1~15 分 (2) 输入的路数不正确:扣 1~15 分	30 分	
确定额定负载电流	(1) 额定负载电流不正确:扣 1~15 分 (2) 不满足负载的输入要求:扣 1~15 分	30 分	
确定额定功率	(1) 组件的输出功率不正确:扣 1~15 分 (2) 控制器的额定功率不正确:扣 1~15 分	30 分	
合计		100 分	
学生自评:			
	学生签字:	年　月　日	
教师评价:			
	教师签字:	年　月　日	

任务思考

上网查阅相关资料,了解光伏控制器还有哪些功能?

任务五
光伏逆变器的运行与维护

子任务一　光伏逆变器的运行

◆ 任务背景

光伏组件在阳光照射下产生直流电,但以直流电形式供电的系统有很大的局限性。例如,日光灯、电视机、电冰箱、电风扇等均不能直接用直流电源供电,绝大多数电动机械也是如此。此外,当供电系统需要升高或降低电压时,交流系统只需加一个变压器即可,而在直流系统中升降电压的技术就要复杂得多。因此,除直接使用直流电源的通信、气象等特殊用户外,在供应生产生活用电的光伏发电系统中都需要配备光伏逆变器。

逆变器的可靠性主要体现在两方面:一是要能经受住各种环境的考验,包括高温、低温、高湿、风沙、烟雾等各种恶劣条件,以及电网和用电设备的冲击;二是寿命,光伏组件的寿命是 25 年,逆变器的寿命要尽力与光伏组件相匹配。

逆变器的基本功能是把直流电变成交流电,光伏并网逆变器还有一些重要功能,如太阳追踪功能、防孤岛功能,以及线路绝缘、漏电流检测、电网电压、相位检测、对外通信、安全防护功能。逆变器的效率决定发电量,逆变器的效率有 3 种:一是最高效率,指室温下逆变器在额定输入电压和输出电压下能达到的最佳性能,组件的配置要尽量靠近逆变器的额定输入电压;二是综合加权效率,又称欧洲效率,体现逆变器在各种光照条件下的效率;三是 MPPT 追踪效率,主要是精度和速度。除此之外,运行噪声、体积和质量也是逆变器的性能体现。

◆ 任务分析

光伏发电产生直流电,而一般我们使用的电都是交流电,所以光伏发电需要逆变器。在光伏系统中,逆变器的好坏(主要是指转换效率)直接关系到整个系统的发电量输出和整个光伏电站的使用寿命。作为整个电站的核心部分,光伏逆变器的安全可靠性非常重要。通过本任务的学习,同学们将学会光伏逆变器的定期测试。

任务资讯

一、光伏逆变器原理

光伏逆变器(PV inverter)，是能够将光伏太阳能板所产生的可变直流电转换成为市电频率交流电的装置，可以反馈回商用输电系统，或是供离网的电网使用。光伏逆变器是光伏阵列系统中重要的系统平衡(BOS)之一，可以配合一般的交流供电设备使用。光伏逆变器有配合光伏阵列的特殊功能，例如最大功率点追踪及孤岛效应保护功能。光伏逆变器按运行方式，可分为独立运行的光伏逆变器和光伏并网逆变器。

1. 全控型光伏逆变器工作原理

为通常使用的单相输出的全桥逆变主电路，交流元件采用 IGBT 管 Q11、Q12、Q13、Q14，并由 PWM 脉宽调制控制 IGBT 管(Insulated Gate Bipolar Transistor，绝缘栅双极型晶体管)的导通或截止。当逆变器电路接上直流电源后，先由 Q11、Q14 导通，Q1、Q13 截止，则电流由直流电源正极输出，经 Q11、电感 L、变压器初级线圈 1-2，到 Q14 回到电源负极；当 Q11、Q14 截止后，Q12、Q13 导通，电流从电源正极经 Q13、变压器初级线圈 2-1 电感到 Q12 回到电源负极。此时，在变压器初级线圈上已形成正负交变方波，利用高频 PWM 控制，两对 IGBT 管交替重复，在变压器上产生交流电压。由于 LC 交流滤波器作用，使输出端形成正弦波交流电压。当 Q11、Q14 关断时，为了释放储存能量，在 IGBT 处并联二极管 D11、D12，使能量返回到直流电源中去。

2. 半控型光伏逆变器工作原理

半控型逆变器采用晶闸管元件。Th1、Th2 为交替工作的晶闸管，假设 Th1 先触发导通，则电流通过变压器流经 Th1，同时由于变压器的感应作用，换向电容器 C 被充电到原先电源电压的 2 倍。接着 Th2 被触发导通，因 Th2 的阳极加反向偏压 Th1 截止，返回阻断状态。这样，Th1 与 Th2 换流，然后电容器 C 又反极性充电，如此交替触发晶闸管整流交替流向变压器的初级，在变压器的次级得到交流电。在电路中，电感 L 可以限制换向电容 C 的放电电流，延长放电时间，保证电路关断时间大于晶闸管的关断时间，而不需容量很大的电容器。D1 和 D2 是两根反馈二极管，可将电感 L 中的能量释放，将换向剩余的能量送回电源，完成能量的反馈作用。

光伏逆变器作为光伏电站的转换设备，在整个电站中起着重要作用。光伏逆变器将光伏组件所发出的直流电转变成正弦波电流，接入负载或者并入到电网中，是光伏电站系统的核心器件。

二、光伏逆变器的功能

光伏逆变器不只有直交流变换功能，还有主动运转和停机功能、最大功率追踪(MPPT)功能、孤岛效应的检测及控制功能、电网检测及并网功能、零(低)电压穿越功能。

1. 主动运转和停机功能

早晨日出后，太阳辐射强度逐步加强，太阳能电池的输出也随之增大，当达到规定输出功率后，逆变器开始主动运转。进入运转后，逆变器便每时每刻看管太阳能电池组件的输出，只要太阳能电池组件的输出功率大于逆变器任务所需的输出功率，逆变器就继续运转;直到日落停机,即便阴雨天逆变器也能运转。当太阳能电池组件输出变小,逆变器输出接近0时,逆变器便转为待机状态。

2. 最大功率追踪(MPPT)功能

当日照强度和环境温度变化时,光伏组件输入功率呈现非线性变化,光伏组件既不是恒压源,也不是恒流源,它的功率随着输出电压改变而改变,和负载没有关系。它的输出电流随着电压升高一开始不变,到达一定功率时,随着电压升高而降低,当到达组件开路电压时,电流下降到零。

3. 孤岛效应的检测及控制功能

在正常发电时,光伏并网发电系统连接在电网上,向电网输送有效功率。但是,当电网失电时,光伏并网发电系统可能还在持续工作,并和本地负载处于彼此独立的运行状态,这种现象被称为孤岛效应。逆变器出现孤岛效应时,会对人身安全、电网运行、逆变器本身造成极大的安全威胁。因此,逆变器入网标准规定,光伏并网逆变器必须有孤岛效应的检测及控制功能。

4. 电网检测及并网功能

并网逆变器在并网发电之前,需要从电网上取电,检测电网送电的电压、频率、相序等参数,然后调整自身发电的参数,与电网参数同步一致,完成之后才会并网发电。

5. (零)低电压穿越功能

当电力系统故障或扰动,引起光伏发电站并网点电压暂降,在一定的电压跌落范围和时间间隔内,光伏发电站能够保证不脱网连续运行。

光伏逆变器操作安全注意事项:

(1)逆变器的操作人员须经过系统培训,合格后才可操作逆变器,非专业操作人员不得擅自操作。

(2)禁止非专业人员自行拆卸、修理、改造逆变器。

(3)所有的电气安装必须符合当地电气安装标准。

(4)使用逆变器并网发电,需征得当地供电单位允许,并由取得相关资格证书的人员进行相关的安装和操作。

(5)操作人员在使用逆变器时应穿着工作服,使用保护手套、长袖衣服等保护用具,以免受到电击伤害。

(6)逆变器工作中或工作终止后,零部件可能仍处于高温状态,不能马上触摸零部件。应使用指定的电线、电缆,如果使用容量充足的电线、电缆线连接方法不正确,将会引发机器损坏、机器火灾或触电。

(7)不能损伤电源电线以及电缆,不能踩、拧、拉电缆,电缆损伤会造成触电、短路、起火。

(8)有焦臭气味、异常声响、异常发热、冒烟等异常现象时应关闭电源,并立刻与逆变器公司联系,否则有触电火灾等危险。

(9)接地必须可靠,否则在出现故障或者漏电时可能会造成触电。

(10)不要触摸与维护保养无关的零部件,以免发生意外。

(11)使用心脏起搏器的人员请勿接近逆变器,逆变器工作中会产生磁场,影响起搏器的正常工作。

(12) 逆变器不能在潮湿的环境下使用,电气部分遇水可能会造成触电或短路。

(13) 逆变器应安装在水平无倾斜场所。逆变器倾倒或从安装场所跌落,会造成逆变器的损坏或者故障。

(14) 避免在机箱上放置装有液体的容器,有水洒出会破坏绝缘,腐蚀性液体会腐蚀逆变器。

(15) 逆变器周围不能放置可燃、易爆物品,逆变器工作中会产生高温,遇到可燃物、易爆物可能会发生火灾、爆炸。

(16) 使用中不能在逆变器上覆盖毛毯、布等纺织品,以免逆变器受热引起火灾。

(17) 逆变器安装的场所内必须安置灭火器。

在安装和调试运行设备之前,必须阅读和了解光伏逆变器厂家提供的用户手册,并熟悉相关的安全符号。

任务实施

一、实训材料与工具

测温仪 10 个,光伏运维设备 10 套。

二、实训步骤

1. 温度测量

(1) 在逆变器内用测温仪对每一支路、每一极测温。

(2) 读取各模块温度。

(3) 记录现场数据,并对比记录后台显示的相应的温度。

2. 电缆紧固

检查逆变器各支路开关上下口电缆连接处标记,如需紧固,将逆变器内对应支路及汇流箱开关拉开。

3. 电压测量

(1) 读取直流及交流电压。

(2) 记录现场数据,并对比记录后台显示的相应的电压。

4. 电流测量

(1) 测量显示装置读取实时电流。

(2) 记录现场数据,并对比记录后台显示的相应支路电流。

5. 发电参数测量

(1) 读取输出功率、日发电量、总发电量。

(2) 记录现场数据,并对比记录后台显示的相应参数。

6. 阻抗检查

(1) 读取正、负对地阻抗。

(2) 记录现场数据,并对比记录后台显示的相应阻抗。

7. 防火封堵检查

(1) 检查逆变器各支路、通信柜、配电柜进线防火泥是否脱落。

（2）检查逆变器投掷鼠药是否还有，及时进行补充。

（3）检查逆变器基坑是否积水、有无异物。

三、实训评价

根据表 2-5-1 对学生完成本次工作实训任务的表现进行评价。

表 2-5-1　实训评价表

任务	评价标准	配分	得分
温度测量	读取温度不正确：扣 1～20 分	20 分	
电缆紧固	电缆不紧固：扣 1～20 分	20 分	
电压测量	读取电压不正确：扣 1～20 分	20 分	
电流测量	读取电流不正确：扣 1～20 分	20 分	
发电参数测量	读取输出功率、日发电量、总发电量不正确：扣 1～20 分	20 分	
合计		100 分	
学生自评： 学生签字： 年 月 日			
教师评价： 教师签字： 年 月 日			

📖 任务思考

请同学们分析光伏逆变器的工作原理。

项目二　光伏电站主要设备的运行与维护

子任务二　光伏逆变器的维护

◆ 任务背景

光伏逆变器又称电源调整器,根据逆变器在光伏发电系统中的用途可分为并网用(图 2-5-1)和独立型电源用(图 2-5-2)两种;根据波形调制方式又可分为方波逆变器、阶梯波逆变器、正弦波逆变器和组合式三相逆变器。用于并网系统的逆变器,根据有无变压器又可分为变压器型逆变器和无变压器型逆变器。逆变器在使用过程中,需要进行专业维护,否则就会产生各种安全隐患。

图 2-5-1　并网光伏逆变器

图 2-5-2　独立型电源光伏逆变器

◆ 任务分析

通过本任务的学习,同学们将学会光伏逆变器的使用以及维护检修。

◆ 任务资讯

在光伏发电系统中,如果含有交流负载,就需要使用逆变器,将太阳能组件产生的直流电或蓄电池释放的直流电转化为交流电。逆变器就是这样一种将直流电(DC)转化为交流电(AC,一般为 220 V 50 Hz 正弦或方波)的装置。组串型逆变器是大型集中式逆变器和微型逆变器的折中,具备最高的性价比;而微型逆变器具有更高的安全性。在分布式电站中,最好使用组串型逆变器和微型逆变器相结合的模式,既可有效控制成本,又可增加光伏电站的长期发电收益。随着技术不断进步,逆变器价格不断降低,组串型和微型逆变器将是未来分布式光伏电站和大型地面光伏电站的主流产品。

一、光伏逆变器的分类

逆变器的分类方法很多,如按照源流性质分为有源逆变器和无源逆变器;根据逆变器输入交流电压相数分为单相逆变器和三相逆变器;根据用途不同分为独立控制逆变器和并网逆变器。为了便于光伏用户选择逆变器,一般以逆变器适用的场合不同,将其分为3类:集中型逆变器、组串型逆变器和微型逆变器。

1. 集中型逆变器

传统的集中型逆变器的光伏逆变方式是将所有的光伏电池在阳光照射下生成的直流电全部串并联在一起,再通过一个逆变器将直流电逆变成交流电(图 2-5-3)。集中型逆变器容量在 10 kW~1 MW 之间,最大特点是系统的功率高,适用于光照均匀的地面大型光伏电站或大型屋顶电站等,产品和技术成熟度较高,成本低。

图 2-5-3　应用集中型逆变器的大型光伏电站

集中型逆变器要求光伏组串之间要有很好的匹配,并且对部分遮影敏感。一旦出现多云天气、树荫或单个组串故障,整个光伏系统的效率和电产能都将受到影响。另外,不同光伏组串的输出电压、电流往往不完全匹配,这也会造成一定的发电量损失。

2. 组串型逆变器

组串型逆变器已成为现在国际市场上最流行的逆变器(图 2-5-4),每个光伏组串(1~5 kW)通过逆变器,在直流端具有最大功率峰值跟踪,在交流端并联并网。许多大型光伏电厂使用组串型逆变器,其优点是不受组串间模块差异和遮影的影响,同时减少了

图 2-5-4　应用组串型逆变器的地面光伏电站

光伏组件最佳点与逆变器不匹配的情况,从而增加了发电量。这些技术上的优势不仅降低了系统成本,还提高了系统的可靠性。同时,与集中型逆变器相比,采用组串型逆变器的系统可缩短直流电缆的长度,将组串间的遮影影响和由于组串间的差异而引起的损失降到最低。

组串型逆变器的投资成本适中,适用于各类型地面光伏电站或 BAPV(building attached photovoltaic,安装型太阳能光伏建筑)、BIPV(building Integrated photovoltaic,构建型太阳能光伏建筑),产品成熟,安装维护方便。

3. 微型逆变器

微型逆变器全称是微型光伏并网逆变器,也称组件逆变器,一般指的是光伏发电系统中功率在 1 000 W 以下,具有组件级最大功率峰值跟踪功能的逆变器(图 2-5-5)。"微型"是相对于传统的集中型逆变器而言的。传统的光伏逆变方式是将所有光伏电池在阳光照射下生成的直流电全部串并联在一起,再通过逆变器将直流电逆变成交流电接入电网;微型逆变器则对每块组件进行逆变。其优点是可以对每块组件进行独立的 MPPT 控制,能够大幅提高整体效率,同时也可以避免集中型逆变器存在的直流高压、弱光效应差等问题。传统集中型逆变器或组串型逆变器通常具有几百伏、上千伏的直流电压,容易起火,且起火后不易扑灭。微型逆变器仅几十伏的直流电压,全部并联,最大程度降低了安全隐患。微型逆变器多用于小型光伏电站。

图 2-5-5 应用微型逆变器的小型光伏电站

二、光伏电站如何选择逆变器

1. 安装规模

大型地面电站一般可使用集中型逆变器;而小型的屋顶电站、工业园区或是公共设施中的光伏发电系统,规模不大,一般可选择组串型逆变器或微型逆变器。

2. 稳定性及可靠性

市场上的逆变器品牌非常多,不少用户在选用逆变器时只注重价格、效率等参数信息,而忽视了逆变器的安全性和可靠性。实际上,光伏系统成本构成中,逆变器仅仅占 11%,然而在光伏系统的后期运维方面,逆变器的售后问题占到所有问题的 50% 左右。所以说,在光伏系统运维期间,逆变器需要投入最多的精力以及最大的财力。优质的逆变器质保时间长,故障率低,运维方面可以省心;而劣质的逆变器质保时间短,甚至售后无保障,稳定性差,故障率高。

3. 效率

市面上可见的太阳能逆变器中,欧美产品效率较高,欧洲标准是 97.2%,但价格较昂贵;国内其他的逆变器效率都在 90% 以下,但价格比进口的要便宜很多。逆变器的效率非常重要,效率越高,则在逆变器上浪费的电能就少,输出电能就更多,特别是使用小功率系统时,这一点的重要性更加突出。

4. 售后服务和设计服务

建议购买目前市场上口碑不错的品牌,因为一般品牌形象好的公司,通常会在技术以及维修服务上有较大的投入,能针对用户的需求提出设计方案,同时提供良好的售后服务。

5. 负载类型

选择逆变器时,首先要确保足够的额定容量,以满足最大负荷下电功率的要求。在逆变器以多个设备为负载时,逆变器容量的选取要考虑多个用电设备同时工作的可能性,即"负载同时系数"。

当用电设备为纯阻性负载或功率因数大于 0.9 时,逆变器的额定容量为用电设备容量的 1.1~1.15 倍即可。对一般电感性负载,如洗衣机、电冰箱、空调、大功率水泵等,启动时的瞬时功率可能是其额定功率的 5~6 倍,此时,逆变器将承受很大的瞬时浪涌。针对此类系统,逆变器的额定容量应留有充分的余量,以保证负载能可靠启动。

任务实施

一、实训材料与工具

光伏运维设备 10 套。

二、实训步骤

1. 光伏逆变器的使用

(1) 严格按照光伏逆变器使用维护说明书的要求进行设备的安装和连接。安装时,应认真检查:线径是否符合要求;各部件及端子在运输中有否松动;应绝缘处是否绝缘良好;系统的接地是否符合规定。

(2) 应严格按照光伏逆变器使用维护说明书的规定操作使用。尤其是:开机前要注意输入电压是否正常;操作时要注意开关机的顺序是否正确,各表头和指示灯的指示是否正常。

(3) 光伏逆变器一般均有断路、过电流、过电压、过热等项目的自动保护,因此在发生这些现象时,无须人工停机;自动保护的保护点一般在出厂时已设定好,无须再调整。

(4) 逆变器机柜内有高压,操作人员一般不得打开柜门,平时柜门应锁死。

(5) 在室温超过 30 ℃时,应采取散热降温措施,以防止设备发生故障,从而延长设备使用寿命(图 2-5-6)。

图 2-5-6　TEH3000 光伏逆变器的底部散热器和风扇

2. 光伏逆变器的维护检修

(1) 应定期检查逆变器各部分的接线是否牢固，有无松动现象，尤其应认真检查风扇、功率模块、输入端子、输出端子以及接地等。

(2) 一旦报警停机，不准马上开机，应查明原因并修复后再行开机，检查应严格按逆变器维护手册的规定步骤进行。

(3) 操作人员必须经过专门培训，能够判断一般故障的产生原因，并能进行排除，例如能熟练地更换保险丝、组件以及损坏的电路板等。未经培训的人员不得上岗操作使用设备。

(4) 如发生不易排除的事故或事故的原因不清，应做好事故详细记录，并及时联系逆变器生产厂家解决。

3. 相关注意事项

(1) 在进行任何维修工作前，应首先断开逆变器与电网的电气连接，然后断开直流侧电气连接。

(2) 等待至少 5 min，直到内部元件放电完毕方可进行维修工作。

(3) 任何影响逆变器安全性能的故障必须立即排除，确认排除后方可再次开启逆变器。

(4) 避免不必要的电路板接触。

(5) 遵守静电防护规范，佩戴防静电手环。

(6) 注意并遵守产品上的警告标识。

(7) 操作前初步目视检查设备有无损坏或其他危险状态。

(8) 注意逆变器热表面。例如，功率半导体的散热器等在逆变器断电后一段时间内仍保持较高温度。

机器维修完毕后，要确保任何影响逆变器安全性能的故障已经排除，才能再次开启逆变器。在日常维护维修过程中严格遵守光伏并网逆变器的维修规范，才能避免出现安全问题。

三、实训评价

根据表 2-5-2 对学生完成本次工作实训任务的表现进行评价。

表 2-5-2　实训评价表

任务	评价标准	配分	得分
安装前准备	（1）线径不符合要求：扣 1～15 分 （2）各部件及端子在运输中松动：扣 1～15 分 （3）应绝缘处绝缘损坏：扣 1～10 分 （4）系统的接地不符合规定：扣 1～10 分	50 分	
按规定操作使用	（1）在开机前未注意输入电压情况：扣 1～20 分 （2）在操作时未注意开关机顺序及各表头、指示灯指示情况：扣 1～30 分	50 分	
合计		100 分	

学生自评：

学生签字：　　　　　　年　　月　　日

教师评价：

教师签字：　　　　　　年　　月　　日

任务思考

光伏电站运维人员维修光伏逆变器时还需要注意哪些问题？

任务六
光伏配电柜的运行与维护

子任务一　光伏配电柜的运行

◇ 任务背景

配电柜是光伏发电系统的重要组成部分,虽然在总造价中占比不高,但是关系到光伏系统的安全运行,是不可忽视的一部分。

◇ 任务分析

在任务三中我们学习了光伏汇流箱,汇流箱输出的直流电需要进入直流配电柜进行汇总和分配;在任务五中我们学习了光伏系统中的逆变器,按照光伏并网系统中电力的传输,逆变出的交流电需要进入交流配电柜进行汇总与分配。

◇ 任务资讯

直流配电柜的主要作用就是对直流电进行分配、监控、保护(一般指分配直流负载的柜)。直流配电柜可以将总输入直流分为多路,每路都有保护装置(熔丝、空开、防雷等),而且可以对每路电压电流进行监控,并进行远程通信。配电柜(箱)分动力配电柜(箱)和照明配电柜(箱)、计量柜(箱),是配电系统的末级设备,配电柜是电动机控制中心的统称。配电柜用于负荷比较分散、回路较少的场合;电动机控制中心用于负荷集中、回路较多的场合。它们把上一级配电设备某一电路的电能分配给就近的负载,这级设备应对负载提供保护、监视和控制。智能配电柜能实时监控各输出分路的电流,并可设定各输出分路电流异常的预告警值,如 16 A 开关,设定报警值为 14 A,则负载超过 14 A 就报警,可帮助工作人员预先发现故障或人为操作隐患,避免过载时开关自动切断电源,造成整个机柜设备断电。另外,输出分路选用热插拔断路器,具备取电相位的调整能力,轻松实现三相不平衡的灵活调整,也可在不断电的情况下,在线增加输出分路,进行开关更换。

光伏发电系统的组成一般为：汇流箱—直流配电柜—逆变器—交流配电柜（图2-6-1）。一个500 kW的电站一般由2个250 kW的子电站组成，需要2台250 kW逆变器、1个500 kW交流配电柜。

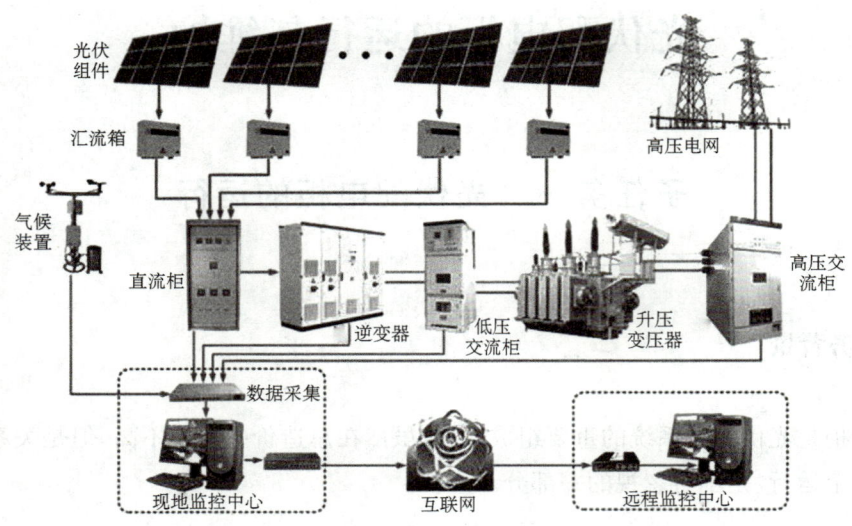

图2-6-1　光伏发电系统组成

任务实施

一、实训材料与工具

光伏运维设备10套。

二、光伏直流配电柜的运行规程

1. 正常运行时直流配电柜所有支路开关闭合。

2. 当直流汇流箱设备故障停止运行时，将相应直流配电柜支路开关拉开。

3. 当直流配电柜内任一支路开关跳闸，应查明原因方可合闸。

4. 当直流配电柜内直流开关损坏需要更换时，应使相应逆变器停止运行，拉开逆变器交直流侧开关及支路汇流箱内开关。

5. 直流汇流箱正极对地、负极对地的绝缘电阻应大于1 MΩ。

三、实训评价

根据表 2-6-1 对学生完成本次工作实训任务的表现进行评价。

表 2-6-1　实训评价表

任务	评价标准	配分	得分
检查支路	支路开关未闭合：扣 1~30 分	30 分	
设备故障退出运行	相应支路开关未拉开：扣 1~30 分	30 分	
测量绝缘电阻	绝缘电阻阻值不正确：扣 1~40 分	40 分	
合计		100 分	
学生自评：			
	学生签字：	年　月　日	
教师评价：			
	教师签字：	年　月　日	

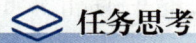

请同学们查阅相关资料，分析光伏配电柜的运行原理。

子任务二 光伏配电柜的维护

◇ **任务背景**

光伏配电柜的主要功能有 2 个：一是电气隔离，配电柜能切断光伏组件、逆变器、配电柜和电网之间的电气连接，以便系统的安装和维护；二是安全保护，当光伏系统出现过流、过压、短路及漏电流等故障时，配电柜能自动切断电路，保护人身和设备安全。

◇ **任务分析**

通过本任务的学习，同学们将掌握直流配电柜与交流配电柜的维护。

◇ **任务资讯**

直流配电柜的主要作用是对直流电进行分配、监控、保护（一般指分配直流负载的柜）。直流配电柜可以将总输入直流分为多路，每路都有保护装置（熔丝、空开、防雷等），而且可以对每路电压电流进行监控，并进行远程通信。

在大型电站中，每个光伏方阵都有若干个光伏组件串，这些光伏组件串通过直流汇流箱和直流配电柜连接到逆变器，或通过组串型逆变器逆变再经过交流汇流连接到交流配电柜。交流配电柜如图 2-6-2 所示。

图 2-6-2 交流配电柜

◇ **任务实施**

一、实训材料与工具

直流配电柜 10 个，交流配电柜 10 个，检查工具 10 套。

二、直流配电柜的维护步骤

(1) 直流配电柜不得存在变形、锈蚀、漏水、积灰现象,箱体外表面的安全警示标识应完整无破损,箱体上的防水锁开启应灵活。

(2) 直流配电柜内各个接线端子不应出现松动、锈蚀现象。

(3) 直流输出母线的正极对地、负极对地的绝缘电阻应大于 2 MΩ。

(4) 直流配电柜的直流输入接口与汇流箱的连接应稳定可靠。

(5) 直流配电柜的直流输出与并网主机直流输入处的连接应稳定可靠。

(6) 直流配电柜内的直流断路器动作应灵活,性能应稳定可靠。

(7) 直流母线输出侧配置的防雷器应有效。

三、交流配电柜的维护步骤

(1) 交流配电柜维护前应提前通知停电起止时间,并将维护所需工具准备齐全。

(2) 交流配电柜维护时应注意以下安全事项:

① 停电后应验电,确保在配电柜不带电的状态下进行维护。

② 在分段保养配电柜时,带电和不带电配电柜交界处应装设隔离装置。

③ 操作交流侧真空断路器时,应穿绝缘靴、戴绝缘手套,并有专人监护。

④ 在电容器对地放电之前,严禁触摸电容器柜。

⑤ 配电柜保养完毕送电前,应先检查有无工具遗留在配电柜内。

⑥ 配电柜保养完毕后,拆除安全装置,断开高压侧接地开关,合上真空断路器,确认变压器运行正常后,向低压配电柜逐级送电。

(3) 交流配电柜维护时还应注意以下事项:

① 确保配电柜的金属架与基础型钢应用镀锌螺栓完好连接,且防松零件齐全。

② 配电柜标明被控设备编号、名称或操作位置的标识器件应完整,编号应清晰、工整。

③ 母线接头应连接紧密,不应变形,无放电变黑痕迹,绝缘无松动或损坏,紧固连接螺栓不应生锈。

④ 手车、抽出式成套配电柜推拉应灵活,无卡阻碰撞现象;动触头与静触头的中心线应一致,且触头接触紧密。

⑤ 配电柜中开关、主触点不应有烧熔痕迹,灭弧罩不应烧黑或损坏,紧固各接线螺丝,清洁柜内灰尘。

⑥ 把各分开关柜从抽屉柜中取出,紧固各接线端子。检查电流互感器、电流表、电度表的安装和接线,手柄操作机构应灵活可靠,紧固断路器进出线,清洁开关柜内和配电柜后面引出线处的灰尘。

⑦ 低压电器发热物件散热应良好,切换压板应接触良好,信号回路的信号灯、按钮、光字牌、电铃、电筒、事故电钟等动作和信号显示应准确。

⑧ 检验柜、屏、台、箱、盘间线路的线与线之间和线对地间绝缘电阻值,馈电线路必须大于 0.5 MΩ;二次回路必须大于 1 MΩ。

四、实训评价

根据表 2-6-2 对学生完成本次工作实训任务的表现进行评价。

表 2-6-2　实训评价表

任务	评价标准	配分	得分
直流配电柜检查	(1) 直流配电柜不完整：扣 1~10 分 (2) 接线端子不牢固：扣 1~10 分 (3) 输入接口与汇流箱的连接不稳定：扣 1~15 分 (4) 直流断路器动作不灵活：扣 1~15 分	50 分	
交流配电柜检查	(1) 配电柜的金属架与基础型钢螺栓未完好连接：扣 1~15 分 (2) 配电柜标识不完整：扣 1~20 分 (3) 母线接头连接不紧密：扣 1~15 分	50 分	
合计		100 分	
学生自评：			
	学生签字：	年　月　日	
教师评价：			
	教师签字：	年　月　日	

📚 任务思考

光伏电站运维人员维修光伏配电柜需要注意哪些问题？

任务七
光伏变压器的运行与维护

子任务一 光伏变压器的运行

◆ 任务背景

我国的交流电压等级有 4 个:低压、中压、高压和特高压。单相 220 V、三相 380 V 为低压,一般用于家庭和工商业;三相 10 kV、15 kV、30 kV、500 kV、1 000 kV 为高压。国家电网规定:8 kW 及以下可接入 220 V,8~400 kW 接入 380 V,400 kW~6 MW 可接入 10 kV,5 MW 可接入 35 kV。因此,400 kW 以下的光伏电站可直接接入 380/220 V 低压电网。如果电站容量超过 400 kW,则接入中压电网。中大功率电站一般使用中功率组串型逆变器和大功率集中型逆变器,输出电压有很多种,常见的有 315 V、400 V、480 V、500 V、540 V、690 V 等多种,后级必须接升压隔离变压器。

◆ 任务分析

变压器的考察、选型、安装不容忽视,这关乎光伏容量匹配以及用电侧的安全;对变压器的操作也需要电网公司许可,由专业人士操作。

◆ 任务资讯

电力系统由发电、变电、输电、配电环节构成,其中配电环节是指通过电力变压器把中压(10~35 kV)变成低压(0.4 kV)。光伏接入电网主要分为 3 种情况:光伏接入已有变压器下级;变压器老化或变压器容量不够需要重新改造变压器;光伏全额上网,接入新装变压器下级。

一、常用变压器介绍
1. 油浸式变压器

油浸式变压器(图 2-7-1)为工矿企业与民用建筑供配电系统中的重要设备,它能将 10 kV 或 35 kV 网络电压降至用户使用的 230/400 V 母线电压。

图 2-7-1　油浸式变压器

2. 干式变压器

干式变压器(图 2-7-2)广泛用于局部照明、高层建筑、机场、码头 CNC 机械设备等场所。冷却方式分为自然空气冷却(AN)和强迫空气冷却(AF)。

图 2-7-2　干式变压器　　　　　　　　图 2-7-3　箱式变电站

3. 箱式变电站

箱式变电站(图 2-7-3)又称预装式变电站,是将高压开关设备、配电变压器和低压配电装置按一定接线方案排成一体的工厂预制户内、户外紧凑式配电设备,是继土建变电站之后崛起的一种崭新的变电站。

二、特征参数介绍

额定容量:指变压器工作状态下的输出功率,用视在功率(SN)表示,单位为 kVA 或 VA。常见的变压器额定容量有 160 kVA、200 kVA、250 kVA、315 kVA、400 kVA、500 kVA、630 kVA、800 kVA、1 000 kVA、1 250 kVA、1 600 kVA、2 000 kVA 等。

额定电压:指单相或三相变压器出线端子之间的电压值,用 UN 表示,单位为 kV 或 V。一次额定电压用 UN1 表示,二次额定电压用 UN2 表示。

额定电流:指在额定容量和允许升温条件下,通过一、二次绕组出线端子的电流,用 IN 表示,单位为 kA 或 A。一次绕组电流用 IN1 表示,二次绕组电流用 IN2 表示。

额定频率:设计变压器时所规定的运行频率,用 fN 表示,单位为赫兹(Hz)。我国规定额定频率为 50 Hz。

空载损耗：又称铁损，主要为铁芯中磁滞损耗和涡流损耗，一般认为一台变压器的空载损耗不会随负荷大小变化而变化。

负载损耗：又称铜损，负载损耗的大小取决于绕组的材质等，运行中的负载损耗大小随负荷的变化而变化。

阻抗电压：把变压器的二次绕组短路，在一次绕组慢慢升高电压，当二次绕组的短路电流等于额定值时，此时一次侧所施加的电压，一般以额定电压的百分数表示。

联结组标号：根据变压器一、二次绕组的相位关系，把变压器绕组连接成各种不同的组合，称为绕组的联结组。为了区别不同的联结组，常采用时钟表示法。如 Dyn11 表示一次绕组是三角形联结，二次绕组是带有中心点的星形联结，组号为 11 点（相位差为 330°）。

三、接入光伏注意事项

1. 接入容量说明

根据电网公司《光伏电站接入电网技术规定》：小型光伏电站总容量不宜超过上一级变压器供电区域内最大负荷的 25%；接入公共电网的中型光伏电站总容量宜控制在所接入的公共电网线路最大输送容量的 30% 内。在实际工程项目中，特别是小型分布式光伏项目，一般是根据上级变压器的容量来确认总装容量。

2. 变压器现场勘察

变压器现场勘察内容包括：变压器数量、变压器容量、变压器厂区布局和变压器额定电压。当光伏容量较大，变压器总容量满足接入条件，但变压器数量不止一个时，需要把光伏组件按照每个变压器的容量进行划分接入，且光伏逆变器的安装位置要注意变压器厂区布局；若变压器的容量不满足光伏接入条件，则需要对变压器进行扩容或者更换。

四、并网后可能出现的问题

1. 三相不平衡

假设逆变器交流侧显示电压为 $VL1=243.4\ V$、$VL2=172.9\ V$、$VL3=248.0\ V$，如图 2-7-4 所示，明显第二相电压异于正常值；关闭逆变器，测量配电箱电网电压为 $VL1=238.1\ V$，$VL2=170.5\ V$，$VL3=227.5\ V$。排除光伏的影响，确定为电网电压偏低的故障。当地电网三相极不均衡，各居民用户在 B 相电网接入负载负荷过大，然后加剧了 B 相线地压降低，需要与供电局沟通处理，努力提高当地电网质量，并尽量保证各家庭接入电网的三相平衡。

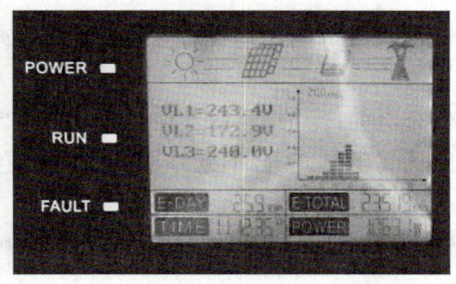

图 2-7-4 逆变器交流侧显示参数

2. 机器报电网电压偏高

并网后容易出现机器报电网电压偏高的问题。

3. 电站离变压器较远

电站离变压器较远(图2-7-5)，针对未改造的线路，可以把电站建造在变压器附近，避免电站离变压器太远导致电压过度抬高。对于远离已有变压器的场所，可以选择新增一个变压器(取得供电公司许可)就近升压。

 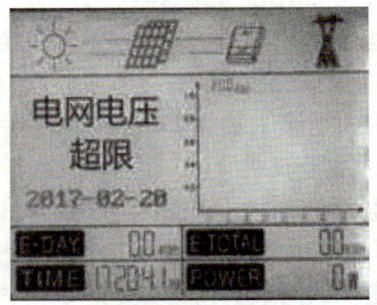

图 2-7-5　电站离变压器较远　　　图 2-7-6　三相机显示电网电压超限

4. 三相机显示电网电压超限

三相机显示电网电压超限(图2-7-6)，另因交流线缆导致线损，除了会影响整个系统的发电效率，也会导致逆变器交流端采集的电压偏高。工程中常见的影响因素有：线缆选择过细和线缆过度缠绕。

5. 变压器调压方式

常见的变压器多具备调挡功能，即通过改变一次侧的接入线圈，在一定范围内调节二次侧的输出电压，而调节范围和调节方法由变压器型号和分接挡位决定，同时变压器调整电压需要得到许可，并且有专业人士操作。

◆ 任务实施

一、实训材料与工具

光伏变压器10个。

二、实训步骤

(1) 对运行中的变压器每班进行一次巡回检查，对新投运或大修后的变压器应增加巡回检查次数。

(2) 主变支行中和主变充电前，保护、测量及信号装置应正常运行。

(3) 变压器充电操作应从高压侧充电，不允许从低压侧充电，充电时低压器断路器应在断开位置。

(4) 箱式变压器高压侧保险熔断后更换时，需断开箱变各侧开关，断开投入接地刀闸后方可进行更换。

(5) 变压器三相负荷不平衡时，应监视最大电流相的负荷电流值不超过额定值；变压器允许短时间过负荷,其过负荷允许值根据变压器的负荷曲线、冷却介质温度以及过负荷前变压器所带负荷等来确定;变压器存在较大缺陷时不允许过负荷运行;变压器短时过负荷时,电流不应超过额定电流的 1.5 倍,油温和绕组温度不应超过规定值,运行时间不应超过 0.5 h。

(6) 备用的变压器应每月充电一次,充电前应测量绝缘电阻合格;变压器检修后,在投运前应进行核相。

三、实训评价

根据表 2-7-1 对学生完成本次工作实训任务的表现进行评价。

表 2-7-1 实训评价表

任务	评价标准	配分	得分
变压器外观检查	(1) 本体外观检查有损伤及变形:扣 1~10 分 (2) 油漆有损伤:扣 1~10 分 (3) 油箱未密闭,有漏油、渗油现象:扣 1~20 分 (4) 油标处油面不正常:扣 1~10 分	50 分	
变压器本体安装与检查	(1) 变压器方位和距墙尺寸不正确:扣 1~20 分 (2) 变压器低压侧方位不正确,储油侧不正常:扣 1~30 分	50 分	
合计		100 分	
学生自评:			
	学生签字:	年 月 日	
教师评价:			
	教师签字:	年 月 日	

📘 任务思考

请同学们上网查阅相关资料,分析光伏电站常用的变压器的类型。

子任务二　光伏变压器的维护

任务背景

选择光伏变压器时,必须在变压器的初级侧和次级侧选择正确的额定功率和电压。变压器的额定容量应该匹配(或稍微超过)电源的额定容量。变压器的低压侧必须与逆变器的输出电压相匹配;变压器的高压侧必须与公用事业公司输配电系统上提供的电网互联电压相匹配。变压器应能处理低压侧和高压侧的功率要求。在公用事业规模的太阳能设施中,电压经逆变器转换后传输到公用电网电压。太阳能发电设施上的变压器主要用于提高电压和向公共电网输送可再生能源。变压器还有一些额外的好处,如能在太阳能设施和公共电网之间提供电流隔离。变压器本质上是两个导体绕组之间的气隙,这种电流隔离能防止接地故障电路用于安全和设备保护。

任务分析

光伏电站巡检人员应严格按规定的要求巡视、检查变压器,发现并消除影响产品质量的因素或隐患,同时做好记录,从而提高系统运行品质。通过本任务的学习,同学们将学会光伏变压器的维护。

任务资讯

一、铁芯故障现象

变压器正常运行时,带电的绕组与油箱存在电场,而铁芯和其他金属构件处于该电场中,铁芯有一点可靠接地。电容分布不均,场强各异,铁芯不能接地,则将产生充放电现象,破坏固体绝缘和绝缘油的绝缘强度。

当铁芯或其他金属构件有两点或多点接地时,则接地点间会形成闭合回路,键链部分磁通,产生电动势,并形成环路,导致局部过热,甚至烧毁铁芯。

二、多点接地故障的检测

1. 气相色谱分析

如气体中的甲烷及烯烃组分含量较高,而一氧化碳和二氧化碳气体含量和以往相比变化不大,或含量正常,则说明铁芯过热,铁芯过热是多点接地所致。

当色谱分析中出现乙炔气体时,说明铁芯已出现间歇性多点接地现象。

2. 测量接地线有无电流

可在变压器铁芯外引接地套管的接地引线上,用钳形数字万用表测量引线上是否有电流。

变压器铁芯正常接地时,应无电流回路形成,接地线上电流很小,为毫安级(小于 0.3 A)。当存在多点接地时,铁芯主磁通周围相当于有短路匝存在,匝内流过环流,其值决定于故障点与正常接地点的距离,即短路匝中包围磁通的多少,最高电流可达几十安。测量接地引线中有无电流,能帮助巡检人员准确地判断铁芯有无多点接地故障。

三、防止变压器出口短路的技术措施

(1) 变压器的中、低压侧加装绝缘热缩套。变压器的中、低压侧电压等级是 35 kV 及以下的,其出线采用的是硬母线,可以从变压器出口接线桩头一直到开关柜的母线、开关室内高压开关柜底部母排,加装绝缘热缩套;采用的是软母线,可在变压器出口接线桩头和穿墙套管附近加装绝缘热缩套。这样可有效防止小动物活动等造成的变压器出口短路。

(2) 变压器的中、低压侧为 35 kV 或 10 kV 电压等级的变压器,其属于中性点小电流接地系统,要采取有效措施防止单相接地时发生谐振过电压,从而引起绝缘击穿,造成变压器的出口短路。防止单相接地时发生谐振过电压的措施有:

① 电压互感器的二次开口三角加装消谐器,如微电脑控制的电子消谐器。通常使用的是 WNX Ⅲ 型系列微电脑多功能消谐装置,这是抑制铁磁谐振过电压,保护高压熔丝、电压互感器免遭损坏的最理想的自动保护装置。它是当代电力电子技术和微电脑技术相结合的产物,具有消谐能力强,功能齐全,抗干扰性能好,可靠性高,运行时不改变一、二次接线等优点,并且无须对装置整定,使用方便。

② 电压互感器的一次中性点对地加装小电阻非线性消谐电阻。通常加装的是 LXQ(D)-10 和 LXQ(D)-35 非线性电阻。

③ 对超过规程标准的电容电流加装自动协调消弧线圈。

④ 对变压器中、低压侧的支柱瓷瓶,高压开关柜可更换爬距较大的防污瓷瓶,涂刷常温固化硅橡胶防污闪涂料(RTV),防止绝缘击穿造成的变压器出口短路。常温固化硅橡胶防污闪涂料应满足《绝缘子用常温固化硅橡胶防污闪涂料》(DL/T 627—2018)。

⑤ 将变压器中、低压侧的开关更换为开断容量更大的开关,防止因开断容量不足引起开关爆炸,导致变压器出口短路。

⑥ 变压器、母线及线路避雷器要更换为性能更好的氧化锌避雷器,提高设备的过电压水平。

⑦ 不断完善变压器的保护配置。变压器的继电保护尽量采取微机化、双重化,尽量安装母线差动保护、失灵保护,提高保护动作的可靠性、灵敏性和速动性。变压器的中、低压侧应配置限时速断保护,动作时间应小于 0.5 s,确保在变压器发生出口短路时,可靠、快速切除故障,减小出口短路对变压器的冲击和损害。

⑧ 对进线为双电源备用电源自投的 110 kV 变电站,要采取措施防止备用电源自投对故障变压器的再次冲击。

任务实施

一、实训材料与工具

便携式变压器油色谱分析仪、绝缘电阻表。

二、实训步骤

1. 防止变压器过载运行

如果长期过载运行,会引起线圈发热,使绝缘逐渐老化,造成匝间短路、相间短路或对地短路及绝缘油的分解。

2. 保证绝缘油质量

若绝缘油质量差或杂质、水分过多,会降低绝缘强度。当绝缘强度降低到一定值时,变压器就会短路而引起电火花、电弧或出现危险温度。因此,运行中应定期化验油质,不合格的油应及时更换。便携式变压器色谱分析仪(图2-7-7)发现氢气和乙炔组分增高也是一个重要特征。油色发黑可判断为变压器内部存在放电现象或是放电兼过热现象;油样浑浊发白,则很

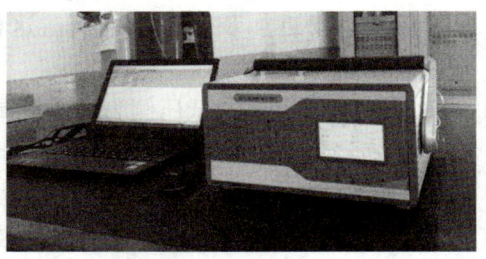

图 2-7-7　便携式变压器油色谱分析仪

可能是油中含有水分造成的,可大致诊断为变压器油内部进水受潮。从变压器底部取样阀中取出少量的油样,使之在玻璃杯中形成 7 cm 高的油柱,在光线充足处,将杯底紧贴报纸,从上往下透过油柱,如能看清 6 号字,则该油样的击穿电压应在 25 kV。而在 10 kV 配电变压器运行中,绝缘油的击穿电压要求不低于 25 kV。

3. 防止变压器铁芯绝缘老化损坏

铁芯绝缘老化或夹紧螺栓套管损坏,会使铁芯产生很大的涡流,引起铁芯长期发热,造成绝缘老化。

4. 防止检修不慎破坏绝缘

检修变压器吊芯时,应注意保护线圈或绝缘套管,如果发现有擦破损伤,应及时处理。

5. 保证导线接触良好

线圈内部接头接触不良,线圈之间的连接点,引至高、低压侧套管的接点以及分接开关上各支点接触不良,会导致局部过热,破坏绝缘,发生短路或断路。此时所产生的高温电弧会使绝缘油分解,产生大量气体,变压器内压力加大。当压力超过瓦斯断电器保护定值而不跳闸时,会发生爆炸。

6. 防止电击

电力变压器的电源一般通过架空线而来,而架空线很容易遭受雷击,变压器会因雷击击穿绝缘而被烧毁。

7. 短路保护要可靠

变压器线圈或负载发生短路,变压器将承受相当大的短路电流,如果保护系统失灵或保护定值过大,就有可能烧毁变压器。为此,必须安装可靠的短路保护装置。

8. 保持良好的接地

对于采用保护接零的低压系统,变压器低压侧中性点要直接接地。当三相负载不平衡时,零线上会出现电流。当这一电流过大而接触电阻又较大时,接地点就会出现高温,引燃周围的可燃物质。

9. 防止超温

变压器运行时应监视温度的变化。如果变压器线圈导线是 A 级绝缘,其绝缘体以纸和棉纱为主,温度的高低对绝缘和使用寿命的影响很大,温度每升高 8 ℃,绝缘寿命要缩短 50% 左右。变压器在正常温度(90 ℃)下运行,寿命约 20 年;若温度升至 105 ℃,则寿命为 7 年;温度升至 120 ℃,寿命仅为 2 年。所以变压器运行时,一定要保持良好的通风和冷却,必要时可采取强制通风,以达到降低变压器温升的目的。

三、实训评价

根据表 2-7-2 对学生完成本次工作实训任务的表现进行评价。

表 2-7-2 实训评价表

任务	评价标准	配分	得分
检查变压器绝缘	(1) 绝缘电阻表使用不正确:扣 1~15 分 (2) 变压器绝缘检查不正确:扣 1~15 分	30 分	
检查绝缘油质量	(1) 便携式变压器油色谱分析仪使用不正确:扣 1~15 分 (2) 绝缘油质量检查不正确:扣 1~15 分	30 分	
检查变压器铁芯绝缘	铁芯绝缘老化:扣 1~20 分	20 分	
检查线圈内部接头	线圈内部接头接触不良:扣 1~20 分	20 分	
合计		100 分	

学生自评:

学生签字: 年   月   日

教师评价:

教师签字: 年   月   日

🔷 任务思考

光伏电站运维人员在维修变压器时需要注意哪些问题?

项目三

光伏电站的运行与维护

 项目目标

素质目标

1. 培养学生的沟通能力及团队协作精神;
2. 培养学生分析问题、解决问题的能力;
3. 培养学生认真细致、敬业乐业的工作作风;
4. 培养学生的质量意识、安全意识。

知识目标

1. 掌握光伏电站运维的管理与组织方式;
2. 掌握光伏电站控制室的运行管理模式;
3. 掌握光伏电站运行与维护的操作要求;
4. 掌握光伏电站其他日常工作及要求。

能力目标

1. 能根据实际情况完成组织机构设置和岗位责任制定;
2. 能进行光伏电站控制室的运行与管理;
3. 熟练掌握光伏电站各部分运行与维护的操作;
4. 能结合实际情况列出电站日常工作要求并完成巡检报告。

项目三 光伏电站的运行与维护

📊 项目导图

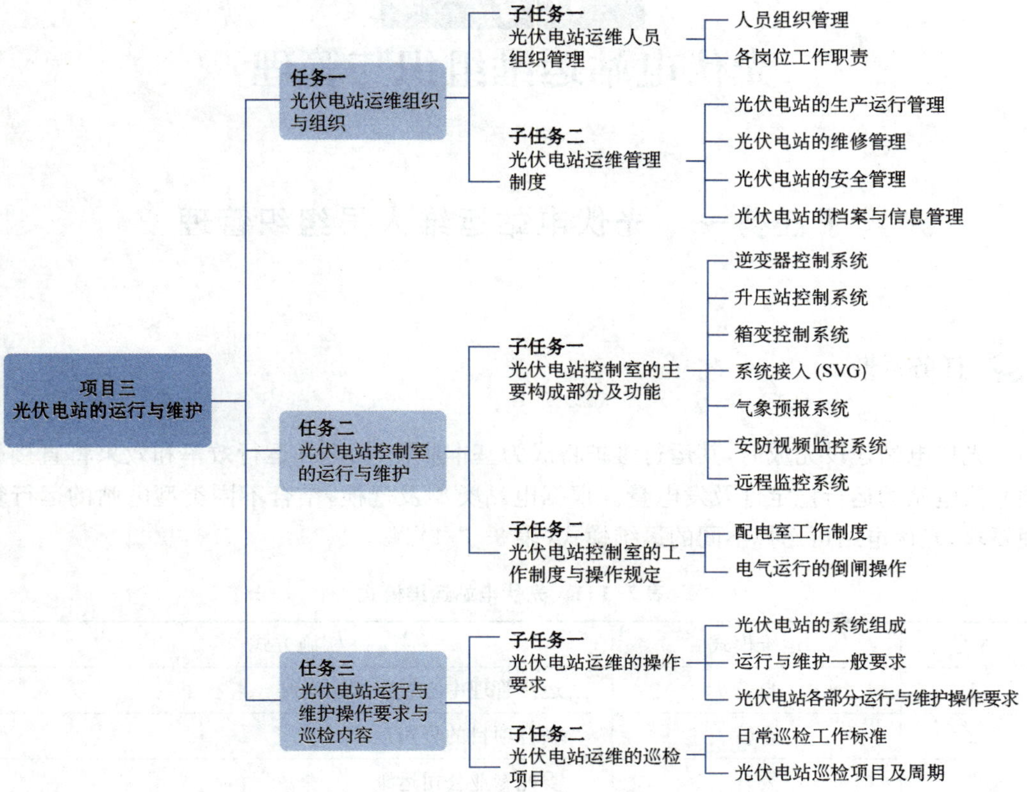

```
项目三
光伏电站的运行与维护
├── 任务一 光伏电站运维组织与组织
│   ├── 子任务一 光伏电站运维人员组织管理
│   │   ├── 人员组织管理
│   │   └── 各岗位工作职责
│   └── 子任务二 光伏电站运维管理制度
│       ├── 光伏电站的生产运行管理
│       ├── 光伏电站的维修管理
│       ├── 光伏电站的安全管理
│       └── 光伏电站的档案与信息管理
├── 任务二 光伏电站控制室的运行与维护
│   ├── 子任务一 光伏电站控制室的主要构成部分及功能
│   │   ├── 逆变器控制系统
│   │   ├── 升压站控制系统
│   │   ├── 箱变控制系统
│   │   ├── 系统接入(SVG)
│   │   ├── 气象预报系统
│   │   ├── 安防视频监控系统
│   │   └── 远程监控系统
│   └── 子任务二 光伏电站控制室的工作制度与操作规定
│       ├── 配电室工作制度
│       └── 电气运行的倒闸操作
└── 任务三 光伏电站运行与维护操作要求与巡检内容
    ├── 子任务一 光伏电站运维的操作要求
    │   ├── 光伏电站的系统组成
    │   ├── 运行与维护一般要求
    │   └── 光伏电站各部分运行与维护操作要求
    └── 子任务二 光伏电站运维的巡检项目
        ├── 日常巡检工作标准
        └── 光伏电站巡检项目及周期
```

任务一
光伏电站运维组织与管理

子任务一 光伏电站运维人员组织管理

◇ 任务背景

光伏电站建设完成后,其运行维护将成为基本业务,而电站运行效率和效果将直接影响光伏电站的运行稳定性及发电量。根据电站类型及规模,结合不同类型电站的运行管理要求,光伏电站可选择不同的运维模式(表 3-1-1)。

表 3-1-1 光伏电站运维模式

序号	运维模式	实施方式
1	自营	运维管理中心组织团队运维
2	合营	联合项目的公司运维
3	委外	委托专业公司运维

根据光伏电站的实际情况选择适合的运维模式后,最重要的是建立合适的运维团队,并明确岗位职责。

◇ 任务分析

成功的运维离不开优秀的团队,光伏电站现场运维组织管理体系中各岗位的职责和任职条件因电站运营要求不同而异,但一般岗位配置和岗位任职基本条件大致相似。通过本任务的学习,同学们将学会根据电站的规模及实际工作要求合理配备人员并建立组织架构,从实际的工作内容和人员具备技能出发,明确各个岗位的工作职责。

◇ 任务资讯

一、人员组织管理

1. 人员设置参考标准

光伏电站现场运维管理团队一般配置 4 个管理层级:运维负责人(站长)、安全技术主管(副站长)、主值班员、副值班员(含实习生等)。人员配置根据电站容量确定,一般 10 MW 配置 1.2~1.5 个运维员,不少于 4 人,实行两班倒机制。通常需要设置站长、副站长、安全员、技术员、运行检修工、安保员等岗位若干名,其中技术员、安全员可兼任,可定期聘用劳务派遣工为检修工、清洁工,进行光伏设备的定期检修维护以及太阳能电池板的清洗工作。一般的光伏电站组织结构如图 3-1-1 所示。

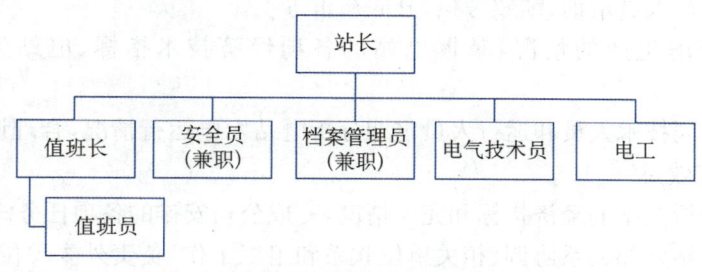

图 3-1-1　光伏电站组织结构

2. 运维团队要求

(1) 运维管理组织建设要求。要形成完善的质量管理体系,运营维护管理单位应建立符合 ISO 9001 质量管理体系认证的运维管理流程和内审体系。运维管理单位须有专业技术人员进行光伏电站运维管理,专业人员要求具备高压上岗证、弱电工程师资格证、维修电工证和特种作业操作证。

(2) 运维人员专业分类。包括:电气运维人员、高压类运维人员、数据中心运维人员、结构运维人员等。

(3) 运维技能要求。电气类,具备维修电工中级证书;弱电类,具备弱电上岗证;高压类,具备高压上岗证;数据类,具备国家计算机四级证书、网络工程师证书和数据库工程师证书;其他类,具备特种作业操作证。

3. 运维人员的管理与培训

为规范电站安全生产管理,增强安全生产意识,更好地激发全站运维人员的积极性,可以从以下方面加强人员管理。

(1) 加强员工技能培训。近年来随着光伏行业的快速发展、电站数据剧增,行业对运维人员需求量也日益增大,但从业人员专业理论基础单薄,故管理过程中可结合电站实际情况,定期对员工进行理论与实操两方面的培训,并不定期进行考试,实施综合评分制度。

(2) 健全电站运行奖惩制度。光伏电站日常工作单调、枯燥、繁琐且重复,为避免运维人员产生懈怠心理,应健全电站运行奖惩制度。

二、各岗位工作职责

光伏电站运行值班方式一般采取两班运转,主要工作是监视电站设备的运行参数、统计电站发电量、接受电网调度指令;巡视检查电站设备的状态,检查电池组件、支架的完好和污染程度,检查电气设备的运行情况;根据电网调度指令和检修工作要求进行电气设备停送电倒闸操作;定期对光伏组件进行清洗;等等。

以下是部分运维岗位典型职责。

1. 站长的职责

(1) 负责日常光伏电站安全生产、技术管理、经济运行工作。

(2) 负责制订和完善各项运行管理制度、岗位职责、工作标准,并组织实施。

(3) 负责组织编制运行规程、技术措施、管理规定等工作。

(4) 负责运行人员培训、绩效考核、升职初审等工作。

(5) 全面了解生产的情况,掌握电站的各项经济技术指标、电站生产设备运转情况。

(6) 负责会同技术人员和运行人员定期分析电站发电运行情况,合理调整运行方式,提高公司的经济效益。

(7) 定期分析全站的经济指标和完成情况,完成公司安排的各项任务。

(8) 负责电站外部关系协调、相关单位联系和组织工作,负责外委单位的管理和资质审查。

(9) 负责电站备品计划的初步审批和电站运营成本控制。

(10) 负责组织编制电站年度发电计划及发电计划目标的实现,并确保电站发电量稳定。

(11) 负责电站内部关系协调,及时掌握全班人员的思想变化,做好思想政治工作。

2. 值班长的职责

(1) 值班长是运行班组生产和行政上的负责人,对全部电气设备的安全经济运行负责;领导运维人员完成上级交给的一切工作任务。值班长在行政上受站长的领导和指挥。

(2) 值班长应熟知电站的一次系统、电站用电系统、直流系统、继电保护、自动装置运行方式调整,掌握电站各类电气设备结构、特性、操作维护。

(3) 值班长在值班时间内,负责与调度人员的联系工作;负责领导本班全体人员完成电气设备的安全、经济运行任务。

3. 正值班员的职责

(1) 正值班员是电气设备安全、经济运行的负责人,应熟知电站主接线系统、直流系统、厂用电系统、照明系统及主要电气设备运行特性、极限参数、继电保护、自动装置、常用系统二次接线、额定数据、动力保险定值等。

(2) 正值班员在运行操作和行政关系上受值班长的领导,并协助值班长搞好本班培训及其他管理工作。当值班长不在时,正值班员应代替值班长的职务。

(3) 协助值班长运行管理,合理地调整组件运行方式,保证组件的安全、经济运行和电能质量,并能正确使用信号。在值班长的统一指挥下,主动、迅速、正确地处理事故及异常运行。

(4) 负责厂用电系统、直流系统、照明系统的检查、定期维护及停、送电操作,监护值班电工进行厂用系统的倒闸操作。

(5) 根据值班长的指示组织做好电站临时小型更换和检修工作;负责检查并备齐高、低配电室、配电箱用的熔断器,保证其定值符合要求。

(6) 对运维人员不符合电气设备规定的操作流程和不合理的运行方式提出建议,给予纠正。

4. 值班电工的职责

(1) 值班电工在行政上受值班长领导,在运行操作及业务技术上受正值班员的领导。

(2) 值班电工应熟知主接线系统、厂用电系统、直流系统及逆变器、变压器等主要电气设备的极限电流、温度及其他电气设备的主要参数。

(3) 当正值班员不在时,值班电工应主动代替正值班员的工作。

(4) 按时正确地记录报表及电量计算,并对现场进行巡检,发现异常及时汇报处理。

(5) 做好监盘工作,及时发现发电单元参数异常,并做好当班气象和发电分析。

(6) 在正值班员的监护下进行电气设备的倒闸操作,填写倒闸操作票。

(7) 在站长和值班长的领导下,完成自我学习和工作技能提升,积极参与运行分析和技术讨论活动。

(8) 对当班发生的光伏板面清洗工作或者其他外围工作进行监督和质量过程检验。

(9) 在正值班员的监护下,做好工作票的安全措施。

(10) 协助正值班员完成领导交代的其他任务。

(11) 发生事故和异常时,在值班长、正值班员的指挥下,协助处理事故,根据正值班员的命令复归保护装置,详细、准确地做好保护动作情况记录。

5. 电气技术人员的职责

(1) 负责光伏发电项目电气专业设备的安装/调试期管理与运营期检修和维护管理。

(2) 负责电站技术人员的培养和运维人员一般电气知识以及简单的电气维护技能培训。

(3) 负责并指导所辖电站开关、变压器、仪表保护和异常情况解决;组织并协助光伏电站建立检修规程和年度检修计划,控制电站检修维护成本。

(4) 负责所辖光伏电站的年度安全生产检查工作,组织定期对各电站进行检查,确保电站生产运营正常,符合新能源既定政策。

(5) 负责组织解决电站疑难设备故障和异常情况,防止故障影响设备正常发电。

(6) 负责光伏电站技术资料整理、设备管理、维修计划管理、设备定期试验和维护工作。

(7) 负责电站故障的调查和事故报告的撰写。

(8) 负责对光伏电站报公司的统计报表的真实性进行复核。负责向上级或对外填报各种统计报表,并报运营部经理审核及有关主管领导审批。对报出的各种统计数据的真实性、准确性、及时性负主要责任。

(9) 通过对各电站上报数据、资料分析,找出比上年度同期提高或降低的指标及变化原因,为下一周期的生产提供可靠的依据。

(10) 负责建立电子设备台账和技术档案,并定期更新。

(11) 负责对电站故障分析和异常分析,并参与防范措施的制订和落实工作。

任务实施

一、实训材料与工具

某地一期 20 MW 光伏电站相关资料、电脑与办公软件、白板与白板笔若干。

二、实训步骤

1. 分组并下发资料:四人一组分组讨论完成本任务。

某地一期 20 MW 光伏电站概况如下:

(1) 坐标东经 117°30′23.59″,北纬 33°48′38.46″。光伏发电项目采用集中发电、集中并网方案,全部采用地面支架安装方式,组件安装倾角为 25°,朝向正南。

(2) 本工程采用固定支架安装方式,安装 76 608 块标准功率为 255 Wp 的晶体硅光伏组件,容量为 20 MWp。根据光伏组件方阵设计,本光伏系统以 1.03 MWp 为一个光伏发电单元,每个单元通过逆变器整流逆变后输出 400 V 三相交流电,每个发电单元接入 35 kV 升压开关站。

(3) 本工程总装机容量为 20 MWp,预计电站在 25 年运营期内上网电量约为 53 214 万 kW·h。

请根据之前学习的内容,合理配备运维团队,并根据工作内容制定每个岗位的工作职责。

2. 建设项目运维团队

本电站应该配备多少名工作人员?分别是什么岗位?依据是什么?将讨论结果整理成文字,并画出组织架构(以下内容仅供参考)。

根据光伏电站人员配置参考标准,建议可配备站长 1 名、电工(兼任安全员)1 名、电气技术员(兼任档案信息管理员)1 名、值班长 2 名、值班员 4 名,每个班次由 1 名值班长带领 2 名值班员完成,其中 1 名为主值班员。

3. 制定岗位工作职责(以值班长岗位为例)

小组内头脑风暴,值班长岗位需要完成哪些工作?记录讨论结果并形成文字(以下内容仅供参考)。

值班长岗位职责:

(1) 值班长是当值安全生产的第一责任人,是本值的负责人,全面负责当值的各项工作。

(2) 完成当值期间设备的运行维护、资料收集整理、数据统计分析等工作;参与新、扩、改建设备验收工作。

(3) 领导全值人员正确接收、执行调度指令,及时组织倒闸操作,迅速处理事故。

(4) 及时发现和汇报设备缺陷。

(5) 审查两票,组织参加验收工作。

(6) 组织做好设备巡视、日常维护工作。

(7) 审查本值各种记录填写情况。

(8) 组织完成本值安全活动、培训工作。

三、实训评价

根据表 3-1-2 对学生完成本次工作实训任务的表现进行评价。

表 3-1-2　实训评价表

任务	评价标准	配分	得分
建设运维项目团队	(1) 人员数量配备不合理：扣 1～5 分 (2) 人员结构安排不合理：扣 1～5 分 (3) 文字描述不准确：扣 1～5 分 (4) 组织架构图不正确清晰：扣 1～5 分	20 分	
制定岗位工作职责 （以值班长岗位为例）	(1) 值班长工作工作职责不全面：主要工作点漏一项扣除 5 分 (2) 对于职责的描述语言不准确：扣 1～20 分 (3) 最终文本内容有错别字、格式不美观等：扣 1～10 分	60 分	
小组讨论积极性与贡献程度	根据小组讨论的参与度与贡献度如实打分	20 分	
合计		100 分	
学生自评：			
	学生签字：	年　月　日	
教师评价：			
	教师签字：	年　月　日	

📖 任务思考

以本项目中提到的 20 MW 光伏电站为例，根据工作内容制定值班长岗位以外每个岗位的工作职责。

子任务二　光伏电站运维管理制度

任务背景

对于计划长期持有光伏电站的业主来说,必须通过高效的运维管理方案保障发电量和降低运维成本,提高电站的安全、经济运行水平,适应现代化管理的要求。要制定高效的运维管理方案,首先要全面了解光伏电站的运维管理内容,并结合实际情况,确立科学合理的各项管理制度。

任务分析

建立好优秀的运维团队后,还要根据工作内容制订有效的管理方案。光伏电站的运维工作内容主要包括以下3个方面。

(1) 生产运行管理:包括巡检、操作管理等,是电站运维的基础工作。
(2) 安全管理:安全制度的制定、实施、评估等。
(3) 档案管理:各类文档资料也必须专门制定相关的归档管理体系。

通过本任务的学习,同学们可以了解光伏运维管理制度涵盖的各项内容,并能够根据实际情况确立合适的运维管理制度。

任务资讯

一、光伏电站的生产运行管理

光伏电站的生产运行管理主要包括:工作票管理、操作票管理、运行记录管理、交接班管理、巡检管理、电站钥匙管理、电量报送管理等。

1. 工作票管理

工作票对设备消缺过程中的安全风险控制和检修质量控制具有重要的作用。编制工作票时需要细化设备缺陷消除过程的步骤,识别消缺工作整个过程的安全风险(人员安全和设备安全),做好风险预判工作。主要包括:工作位置(设备功能位置和工作地点)、开工先决条件、工作步骤、质量管理(QC)控制点、工期、工作组负责人、工作组成员、工作风险及应对措施、备件(换件和可换件)、工具(常用工具和仪器仪表)等。工作票对工作过程中的关键点进行控制,结合质量管理中质量管理(QC)检查员的作用设置W点(见证点)和H点(停工待检点)以保障工作质量。执行工作票时需要严格遵循工作过程的要求,严把安全质量关;工作票执行完毕后必须保存工作记录和完工报告。

2. 操作票管理

操作票应在对电站设备进行操作的每一个环节使用。操作指令需明确,倒闸操作一般由两人进行操作，操作人员和监护人员共同承担操作责任，核实功能位置、隔离边界、操作指令、风险点后，按照操作票逐条进行操作，严禁约定送电。所有操作规范应符合国家电网公司倒闸操作相关要求。

3. 运行记录管理

运行记录分纸质记录和电子记录。纸质记录主要为运行日志，运行日志记录电站当班值主要工作内容、电站出力、累计电量、故障损失、限电损失、巡检、缺陷和异常情况、重要备件使用情况等；每日工作结束后应在电站管理系统中记录当日电站运行的全面情况。纸质运行日志应当妥善保存。电站监控和自动控制装置监控的运行记录应每日检查，确保记录的完整性，并妥善保存于站内后台服务器（信息储存装置或企业私有云）。

4. 交接班管理

电站交班班组应对电站信息、调度计划、备件使用情况、工具借用情况、钥匙使用情况、异常情况等信息进行全面交接，保证接班班组获得电站的全面信息；接班班组应与交班班组核对所有电站信息的真实性与准确性，接班班组值班长确认信息全面且无误后，与交班班组值班长共同在交接班记录表上签字确认，完成交接班工作。

5. 巡检管理

巡检分为日常巡检、定期巡检和点检 3 种方式。日常巡检是电站值班员的例行工作，即按照规定的巡检路线对电站设备进行巡视、检查、抄表等工作。值班员应具备判断故障类型、等级和严重程度的能力，发现异常情况按照巡检管理规定的相关流程进行汇报和处置，同时将异常情况记录在运行日志中。定期巡检是针对光伏电站所建设地点的气候，在特殊天气情况下进行的有针对性的巡检。点检是对重要敏感设备加强巡视和检查，保证重要设备可靠运行的手段。

6. 电站钥匙管理

电站设备钥匙的安全状态对电站运行安全有着至关重要的作用。电站钥匙包括分设备钥匙和厂房钥匙，所有钥匙应分两套管理，即正常借用的钥匙和应急钥匙。应急钥匙由当班站长保存，正常借用的钥匙借出和还回应进行实名登记，所有使用人员应按照规定进行钥匙的使用。设备钥匙应配备万能钥匙，万能钥匙只有在发生紧急事故的情况下经站长批准才能使用，其他情况下不得使用。

7. 电量报送管理

电站值班长每月月末应向总部报送当月电量信息。每月累计电量信息应与运行日志保持一致，每月累计故障损失电量信息应与设备故障电量损失信息保持一致。电量信息表编写完成后，应由电站站长复核电量信息再报送总部。报送格式应符合总部管理要求，报送电量信息应真实、准确。

二、光伏电站的维修管理

光伏电站的维修管理主要包括：预防性维修管理、纠正性维修管理、技术监督试验管理。其中，预防性维修管理是光伏电站管理中必不可少的环节，指电站有计划地进行设备保养和检修活动，主要包括预防性维修项目和周期的确认，预防性维修大纲、维修计划、停电计划、组件清洗计划、预防性维修数据管理。

1. 工作过程管理

工作过程管理的目的是规范电站员工工作行为,电站任何人员进行现场工作应遵循电站工作过程管理,以保证电站工作的有序性。工作过程管理包括:电站正常工作流程、紧急工作流程、工作行为规范、工前会、工作申请、工作文件准备、工作许可证办理流程、工作的执行与再鉴定、完工报告的编写等。

2. 预防性维修管理

预防性维修是指电站有计划地进行设备保养和检修的活动。预防性维修管理包括:预防性维修项目和维修周期的确认、预防性维修大纲编制、预防性维修计划编制、预防性维修准备、停电计划编制、停电申请流程、日常预防性维修、大修预防性维修、预防性维修等效、组件清洗计划编制、预防性维修实施、预防性维修数据管理等。

3. 纠正性维修管理

纠正性维修是指发生非预期内的故障时进行的维修活动。纠正性维修主要分为在线维修和离线维修;按照响应时间可分为临时性维修、检修、抢修;按照维修量级可分为局部维修、整体维修、更换部件、更换设备。纠正性维修主要考虑的因素有:故障设备不可用对其所在系统的影响,以及该系统对机组乃至电站的影响;缺陷的存在对设备的短期及长期影响,以及该缺陷设备故障后的潜在后果;故障或缺陷设备对工业安全和外部电网的影响。纠正性维修的对象一般为必须紧急处理的故障,隔离边界较少,对检修要求高。纠正性维修需要做到快速判断故障原因,准确找到故障点,做好安全防护措施,及时消除故障,保障系统和电站正常运行。

4. 技术监督试验管理

技术监督试验是指依据国家、行业有关标准、规程,利用先进的测试管理手段,对电力设备的健康水平及安全、质量、经济运行有关的重要参数性能、指标进行监测与控制,以确保电力设备在安全、优质、经济的工作状态下进行。电站需要制订技术监督计划,确定试验项目、周期、试验标准、试验设备、人员资质以及风险点,执行过程中应严格执行试验标准,如实撰写技术监督试验报告。电站应保存技术监督试验报告,将技术监督试验数据与设计参数进行比较分析,并对电站设备及系统的安全性、可靠性等方面作出评价。

三、光伏电站的安全管理

光伏电站的安全管理包括:工业安全管理、安全授权管理、安全设施管理(安全标准化)、防人因管理、灾害预防、应急响应等。

1. 工业安全管理

安全是工业生产的命脉,任何生产型企业无不把安全放在首位。光伏电站的安全管理包括:电力安全管理、工业安全管理、消防安全管理、现场作业安全管理(员工行为规范、危化品管理等)、紧急事件/事故处置流程管理、事故管理流程(汇报、调查、分析、处置、整改等)、安全物资管理(劳保用品、消防器材等)、厂房安全管理、安全标识牌管理、交通安全管理等。

2. 安全授权管理

为保证电站人员和设备安全,所有入场人员(含承包单位人员)需要接受安全培训,经培训活动基本安全授权后方可进入现场工作。安全授权培训内容包括:电力安全培训、工业安全培训、消防安全培训、急救培训。安全授权有效期为2年,每2年需要复训一次。电站需保存安全授权记录备查。

3. 安全设施管理(安全标准化)

电站消防水系统、消防沙箱、灭火器、设备绝缘垫、警示牌等均属于电站安全设施,安全设施需要定期保养、维护、更换,并应有记录。电站安全设施的设置(设备和道路划线等)、安全标志规格及设置、巡检路线设置等均应符合安全标准化要求,人员行为习惯应满足安全标准化的具体措施要求。

4. 防人因管理

防人因管理是通过对以往人因事件的分析找到事件或事故产生的根本原因,据此制订改进措施,做到有效预防。防人因主要是对人员人因失误的管理与反馈。通过对员工进行警示教育,反思安全管理现状,找到管理、组织、制度和人的失效漏洞,并进行管理改进。可利用国际交流借鉴、领导示范承诺、学习法规标准、警钟长鸣震撼教育、分析设备系统管理、经验反馈、共因分析、设备责任到人、制度透明化、安全文化宣传、行为训练、人因工具卡等多种手段增强员工防人因意识,提升安全管理水平。

5. 灾害预防

灾害预防工作包括:灾害历史数据分析、灾害分级及响应流程、组建运作机构、防灾制度建立、防灾风险与经济评估、防灾措施建立、防灾物资和车辆准备等。对灾害的预防是保证电站25年寿期正常运行的基石,是灾害来临时减少电站损失的有力保障。

6. 应急响应

应急准备阶段须建立应急响应组织,该组织机构需包括:应急总指挥、电站应急指挥、应急指挥助理、通信员、应急值班人员。应急准备期间工作包括:应急流程体系建设、汇报制度建立、应急预案的编写、突发事件处置流程的建立、通讯录与应急信息渠道的建立、应急设施设备器材文件的管理与定期检查、应急演练的策划组织与评价、应急费用的划拨、新闻发言人及新闻危机事件应急管理制度的建设等;实施阶段包括:应急状态的启动、响应、行动和终止等;应急事件后评价包括:损失统计、保险索赔、事故处理、电站恢复等。

四、光伏电站的档案与信息管理

光伏电站档案与信息管理包括:技术资料管理、培训授权资料管理、人员技术证件管理、电站资产管理(编码、清点)、经验反馈管理、信息系统维护、智能电站建设等。

1. 技术资料管理

光伏电站技术资料管理包括:文件体系建设(文件编码体系、文件分类体系、文件分级体系等)、设计文件管理、设计变更文件管理、竣工报告管理、调试报告管理、合同文件管理、图纸管理、日常生产资料管理(运行日志、巡检记录、交接班记录、倒闸操作票记录、运行数据记录、工作票记录、维修报告记录、检修计划、技术监督记录、工具送检记录、备件库存记录等)、技术改造文件管理、大修文件管理、移交验收证书、设备说明书、设备或备件合格证、电子文件记录管理、文档系统管理、文档销毁流程管理等。技术资料记录应分级别进行管理,过期文件应及时更新和销毁。

2. 培训授权资料管理

培训授权资料一般包括:培训签到单、培训记录表、培训大纲、培训教材、培训课件、培训成绩单、试卷、试题库资料、培训说明书、培训效果评价表、基本安全授权书、××岗位授权书、培训等效记录、员工技能降级认定表等。电站需定期向总部提交培训记录,总部在培训信息系统中备案,并根据培训授权表对相应技术等级的人员进行岗位调整和薪酬调整。

3. 人员技术证件管理

人员根据不同的工作类型须进行外部取证考试,电站须对外部机构颁发的技术证件进行整理和备案,作为人员执业资格外部检查和评估的依据。

4. 电站资产管理(编码、清点)

电站固定资产均须进行编码,编码后的固定资产进入总部管理系统备案与监控。固定资产须每季度进行清点并更新清单,固定资产的处置需按照总部相关要求进行报废处置处理。

5. 经验反馈管理

经验反馈管理是指按照不同的事件和异常管理级别、方式加以确认、报告、评估后果、分析原因、纠正和反馈,保证同企业内和同行业内所发生的重要事件能够得到收集、筛选、评价、分析以及采取纠正行动和反馈,对维持和提高电站的安全水平和可用率水平具有重要意义。经验反馈管理工作主要分为内部经验反馈和外部经验反馈,工作内容主要包括:对异常事件和良好实践的整理、分类、分级、分析和筛选,信息共享渠道建立,经验反馈汇报流程管理,根本原因分析方法,防人因管理,定期会议管理,信息反馈效果评价,经验反馈考核管理等。

6. 信息系统维护

光伏电站在生产运营阶段会产生大量信息,并使用生产信息系统进行管理工作,因此,信息系统的可靠性将直接影响总部和区域公司对电站的管理。信息系统维护工作内容主要包括:系统硬件维护(通信维护、数据储存器维修、电脑维护等)、信息安全检查、备件管理、软件升级和更新、客户端安装与配置、信息系统授权配置、信息系统操作培训等。

7. 智能电站建设

智能光伏电站在中控室附近设置中央通信基站,在光伏区和设备区设置若干个子基站以加强信号接收和传递。光伏电站的监控信号和控制信号通过无线通信技术进行传输,中控室接收到信号后通过互联网将实时数据自动上传到云储存,运维人员可在任何有无线网络的地方,通过手机客户端或使用基于互联网的软件调用云储存信息,对电站进行监视和控制。

任务实施

一、实训材料与工具

1. 某公司 5.9 MWp 分布式屋顶光伏电站运维管理制度相关资料、电脑与思维导图软件、白板与白板笔若干。

2. 某公司 5.9 MWp 分布式屋顶光伏电站运维管理制度如下:

××公司 5.9 MWp 分布式光伏电站运行维护管理制度

1. 目的

为规范光伏电站工程运行工作,确保电站安全、稳定、经济运行,特制订本程序。

2. 范围

本程序适用于××公司 5.9 MWp 屋顶光伏电站发电项目。

3. 职责

3.1 总经理:负责本程序的审批。

3.2 生产运维部运行工程师:负责电站日常运行情况的监督检查、运行规程的编制、运行的技术管理和培训、运行数据的整理分析。

3.3 运维工:负责电站日常运行中的设备巡视、参数监视和记录、运行操作、设备定期维护和一般缺陷的消除。

4. 管理过程

4.1 运维岗位设置

4.1.1 每次配备运维工 2 人。

4.1.2 运行人员职责

值班长:负责本值值班期间的电站运行管理,接受和执行调度命令,与调度联系,安排设备维护与缺陷消除。

值班员:按照值班长的命令执行各项操作,完成各项设备维护与消缺任务。

4.2 值班纪律

4.2.1 当班值班长应按照《电网调度规程》的规定履行职责,执行调度命令;值班员应认真执行值班长下达的操作命令(严重威胁设备和人身安全的命令除外)。

当值值班人员应坚守岗位,认真监视,精力集中,及时消缺,精心维护设备,不得擅自离岗。运维人员值班期间离开值班室外出工作必须戴安全帽。

4.2.2 任何人进入生产现场必须遵守现场秩序,不得在现场做危害安全运行的事情,否则应予以制止,并令其退出现场。

4.2.3 发生事故时,除公司领导和有关人员外,其他无关人员一律不得进入控制室,参加学习人员应立即退出事故现场,以免影响事故处理。

4.2.4 事故处理时,除有关人员联系汇报与事故有关的事情外,无关人员不得打电话询问,以免延误事故处理时间。事故处理结束后,应向运维部领导和工程师汇报事故经过。

4.2.5 按时抄表,准确记录,实事求是,不伪造数据;发生异常情况时,不隐瞒真相。记录本和报表应保持整齐清洁、正确、详细,不得代签。

4.2.6 严格执行规章制度,认真填写工作票、操作票,做到两票填写无差错。操作监护严肃负责,对检修设备做到验收不合格不投用,检修安全措施不合格不开工。工作现场卫生良好,投运正常后方可办理工作票终结手续。

4.2.7 使用电话联系工作应互报姓名(发话人先报姓名),下达操作任务要清楚,执行操作任务要复诵,无误后方可执行。联系比较重要的工作应将其内容、时间、联系人及执行情况等事项记录在"运行日志"中。

4.2.8 非本公司人员进入现场,来宾和参观人员应有相关人员带领。值长应向来宾介绍电站运行情况。工作人员如发现无关人员进入生产现场应进行询问,有权令其退出,发现可疑人员应立即报告安保人员。

4.2.9 工作人员因有事需请假时,应提前1天向站长申请,请假必须本人亲自申请,代假一律不准。

4.3 交接班要求

4.3.1 交接班的条件

4.3.1.1 交接班时必须严肃认真、实事求是,交班人员应努力做好工作,为下一班创造条件,接班人员应详细了解情况,为本班的安全经济运行打下基础,做到"交代清楚,接班满意"。

4.3.1.2 所有工作人员必须按规定轮流值班,如因故不能上班,则必须提前一天请假,经电站站长或上级领导许可并安排好替班人员后,予以准假。

4.3.1.3 处理事故时不得进行交接班,接班人员应在交班值长统一指挥下,协助处理。

4.3.1.4 在进行重要操作时,一般情况下不应进行交接班,但遇重大操作时,应在某一稳定情况下进行交接班。

4.3.1.5 一般情况下,交班前30 min不进行重大操作,不办理工作票手续。

4.3.1.6 交、接班人员意见不一致,不能进行交接班时,应经双方值班长商量解决;值班长协商不通时,汇报站长或上级领导解决。

4.3.2 交班

4.3.2.1 交班人员必须如实、准确、详细地填写运行值班日志,包括本班所做的工作,本班发现和消除的人身和设备的异常情况、运行方式,对检修和试验设备所采取的安全措施。上级通知、命令等应向接班人员交代清楚。

4.3.2.2 把指定的设备卫生区域清扫干净。将工具、资料、钥匙、仪表整理并清点好。

4.3.2.3 完成规程制度规定的工作及试验并做好详细记录。

4.3.2.4 将所有已开工的工作票、尚未结束的工作票分别整理好,核对好系统模拟图。

4.3.2.5 交班前半小时,值班员应向值班长汇报岗位工作。

4.3.2.6 交班时交班人员应向接班人员详细交代本班设备系统运行情况以及设备缺陷处理情况,并细心听取询问和意见,作出详细解答。

4.3.2.7 应在正点办理交、接班手续,交班人员应待接班人员签字允许后方可签字,在接班值班长下达接班命令后方可离开岗位。

4.3.3 接班

4.3.3.1 接班人员应在接班前 30 min 到达交接班室现场,听取交班值班长口头交代当班运行情况。

4.3.3.2 听完交班值班长的口头交代后,接班值班长根据上班运行情况布置工作。

4.3.3.3 值班员进行全面检查(特别强调应对设备缺陷、异常情况、检修情况作重点检查),布置接班后工作及事故预想。

4.3.3.4 接班人员应对电站设备进行全面检查,查阅"运行日志"、设备缺陷记录等,确认缺陷和异常的发展情况及处理情况、设备检修及系统隔离情况、实际的设备状态运行方式、主要参数等。

4.3.3.5 对检查中的不明之处应仔细询问,直至弄清为止,若发现新情况或与记录不符的应立即汇报值长核实。

4.3.3.6 清点工具、资料、图纸、钥匙等,并检查设备和卫生情况。

4.3.3.7 接班人员除进行必要的试验外,在交班签字前不得操作任何设备。

4.3.3.8 接班人员经检查认为可以接班,应在正点签字接班,并允许交班人员离岗。

4.3.3.9 接班 30 min 后,值班员应向值班长汇报接班情况,值班长应将系统运行方式、当班主要工作以及薄弱环节、事故预想等向班员作出交代。

4.3.3.10 接班人员到现场时,如遇处理事故,应在交班人员指挥下协助处理,不得离开现场。

4.4 设备巡回检查要求

4.4.1 巡回检查是保证设备安全、经济运行,及时发现问题的有效措施,各级运行人员必须加强对设备的检查,以便及时发现与处理异常和缺陷,保证设备安全运行。

4.4.2 巡回检查的人员由值班长安排,根据光伏电站的特点,电站汇流箱、逆变器、变压器等电气设备及系统必须每天巡视一至两次,电池板、支架可每天巡视一定的范围,如遇大风等恶劣天气必须增加对电池板和支架的巡视频率。

4.4.3 巡回检查的人员必须按时、按规定的巡检路线和"设备巡检记录"上的项目认真检查。巡回检查时,应带必要的工具(如电筒、手套、检查工具等),应做到思想集中,认真细致,根据设备特点仔细察看,认真分析,真正掌握运行设备的实际情况。

4.4.4 对巡回检查发现的异常情况,应立即分析判断,及时消除或采取相应的措施,并汇报值班长、做好记录。

4.4.5 除定期的巡回检查外,还应针对设备特点、运行方式的变化、负荷情况、有缺陷的设备等,增加检查次数。

4.4.6 对设备系统进行变更操作之后,应加强检查。

4.4.7 值班长外出检查应通知值班员。

4.5 工作票管理规定

4.5.1 工作票接收

接收到工作票后要认真审核该工作的内容,然后填写接收时间并签名。不能进行工作的将工作票退回。

4.5.2 工作票许可

4.5.2.1 审查安全措施(接到经值班长批准的工作票后认真审查安全措施的完整性)。

4.5.2.2 安全措施完整的,要在"运行补充安全措施"一栏写上"无补充",无补充要写在首行左边空两字处;安全措施不完整的,要在"运行补充安全措施"一栏补充完整。

4.5.3 安全措施的布置

4.5.3.1 逐条执行安全措施,每执行一条在"措施执行情况"一栏及时填写"已执行",并标明序号,其序号与安全措施序号相同。

4.5.3.2 工作许可人与工作负责人共同确认安全措施全部正确执行后,共同在工作票上签名许可开工。

4.5.4 工作票的登记

工作票许可开工后,工作许可人要认真在"工作票登记记录"上登记。

4.5.5 工作票的结束

4.5.5.1 现场检查

检修申请结束工作票时,运行值班人员到工作现场检查。检修工作确已结束,现场清理干净。

4.5.5.2 收回检修所持工作票,恢复系统(包括送电)。

4.5.5.3 工作票结束

A. 工作许可人填写工作结束时间。

B. 工作许可人与工作负责人共同在工作票上签字,值班长签字。

C. 在工作票上盖"已执行"章。

4.5.6 工作票的延期

4.5.6.1 工作票的延期必须由工作负责人提出申请。

4.5.6.2 值班长同意并填写延期时间。

4.5.6.3 工作许可人与工作负责人共同签名。

4.5.6.4 工作票延期后工作许可人要及时登记延期时间。

4.6 操作票管理

4.6.1 除单项操作及事故处理不用操作票外,其余所有操作均须写操作票。

4.6.2 操作票的填写

4.6.2.1 操作票在使用前必须统一编号,一经编号不得撕页或散失。

4.6.2.2 操作票一律用钢笔(黑色笔)填写。

4.6.2.3 当一页操作票不够写一个操作任务时,应当在本页右下角注明"转下页",在承接页左上角注明"接上页"。

4.6.2.4 操作票最后一行的空格应画终止符。

4.6.3 操作票的审批

4.6.3.1 操作人签名,监护人审查签名,值班长审查签名。

4.6.4 操作票的执行

A. 操作票必须由两人执行,其中对设备较熟悉者作监护人。

B. 操作票开始时间是操作项目栏第一项操作开始时间,终了时间是最后一项操作完成时间。

C. 操作时必须执行唱票、复诵、核对设备名称的规定。

D. 操作时每执行一项必须画上执行符号。

E. 操作时发生异常或有疑问立即停止操作并汇报值班长,得令后再进行操作。

F. 操作票执行完毕后盖"已执行"章。

4.7 缺陷管理

4.7.1 当班运维人员在设备巡视和监视过程中发现设备缺陷,应及时汇报值班长,由值班长填写"设备缺陷通知单",安排运维人员进行处理。

4.7.2 当值无法处理的缺陷,如无备品、设备系统无法停运、人员不足或技术能力不能满足处理要求的,应加强对缺陷的监视并采取可靠的防止缺陷扩大的措施,并填写"缺陷延期申请单"汇报上级领导申请延期处理。

4.7.3 当班发现的缺陷及处理结果必须在"运行日志"上进行登记。

4.7.4 当缺陷影响到电站的安全稳定运行时,运维人员必须立即通知站长或公司领导,由公司组织人员及时进行处理。

4.7.5 缺陷处理完毕后,由当班值班长进行验收,验收合格后,缺陷处理流程结束;验收不合格,由消缺人员继续处理。

4.7.6 当班发生的设备缺陷必须在当班期间消除(经批准延期处理的缺陷除外),否则接班人员有权拒绝接班。接班人员在接班前的设备检查中发现的缺陷由交班人员负责消除。

4.8 设备维护管理

4.8.1 运维人员按照规定的时间和项目对设备进行维护,保证设备的正常运行。

4.8.2 设备维护完成后必须在"设备检修记录"上进行记录。

5. 检查

5.1 由生产运维部运行工程师根据本程序对各电站的运维工作执行情况进行监督和检查。

5.2 生产运维部经理对运行工程师的工作进行检查。

二、实训步骤

1. 分组并下发参考资料。本任务四人一组完成,需要用到思维导图工具。

2. 根据之前的任务资讯内容和本运维管理方案内容,讨论光伏电站运维管理方案需要涵盖哪些方面的内容,并画出思维导图。

3. 参考本方案,为学校楼顶 1.1 MWp 并网光伏电站制订管理制度方案。

三、实训评价

根据表 3-1-3 对学生完成本次工作实训任务的表现进行评价。

表 3-1-3　实训评价表

任务	评价标准	配分	得分
光伏运维方案思维导图	(1) 思维导图内容不正确：扣 1～10 分 (2) 思维导图包含内容不全面：扣 1～8 分 (3) 思维导图结构不清晰：扣 1～7 分 (4) 思维导图不美观：扣 1～5 分	30 分	
楼顶 1.1 MWp 并网光伏电站管理制度方案制订	(1) 运维管理方案内容不合理：扣 1～20 分 (2) 运维管理方案包含内容不全面：扣 1～20 分 (3) 语言描述不准确，方案排版不美观等：扣 1～10 分	50 分	
小组讨论积极性与贡献程度	根据小组讨论的参与度与贡献度如实打分	20 分	
合计		100 分	
学生自评：			
	学生签字：	年　　月　　日	
教师评价：			
	教师签字：	年　　月　　日	

📖 任务思考

光伏电站运维管理制度包括哪些方面的内容？

任务二
光伏电站控制室的运行与维护

子任务一 光伏电站控制室的主要构成部分及功能

📒 任务背景

光伏电站控制室是光伏发电系统的中枢部分,其内部设备先进、可靠、集成度高,可以实现信息的采集、测量、控制、保护、计量和监测等功能。

图 3-2-1 光伏电站控制室

📒 任务分析

要了解光伏电站控制室的运行管理要求,首先要了解控制室内的系统组成及其作用,熟知每部分的工作方式。结合项目一、二中所学的知识,我们可以知道,光伏电站控制室中主要有光伏电站配电设备与电站监控系统,本次任务我们会实地参观本地的光伏电站控制室进行现场学习,直观地认识控制室内的系统组成,了解每部分的作用与工作方式。

📒 任务资讯

光伏电站控制室主要由光伏电站配电系统及光伏电站监控系统构成。配电系统又可以分为直流部分和交流部分,主要包括逆变器控制系统、升压站控制系统、箱变控制系统、系统接入(SVG)等;监控系统主要包括气象预报系统、安防视频监控系统及远程监控系统等。

一、逆变器控制系统

并网逆变器是光伏电站中重要的电气设备,同时也是光伏发电系统中的核心设备。

逆变器将光伏方阵产生的直流电（DC）逆变为三相正弦交流电（AC），输出符合电网要求的电能。逆变器是进行能量转换的关键设备，其效率指标等电气性能参数，将直接影响电站系统发电量。现在的逆变器通常具备多种数字化功能，同时又直接衔接电网的智能设备，有了智能功能的保障，光伏系统得以稳定运行，实现收益最大化。

二、升压站控制系统

升压站控制系统可以根据电网运行方式的要求，实现各种闭环控制功能。实现对全部的一次设备进行监视、测量、控制、记录和报警功能，并与保护设备和远方控制中心通信，实现变电站综合自动化。光伏电站通信层采用工业光纤以太环网结构。综合自动化根据需要也可采用双网冗余结构。升压站通信服务器负责与相关调度系统的信息交换。

三、箱变控制系统

光伏电站因为发电单元布置较为分散且数量众多，距离集中升压变电所位置较远，通常需要就地升压，变电站升压后传送至集中升压变电所。因此箱式变电站（箱变）作为升压输电的重要设备，其安全可靠、节能环保、运行维护等综合性能对提升光伏电成套装备的整体技术指标尤其重要。现在的光伏电站，在普通箱式变电站的基础上还增加了智能化控制系统，对高低压设备配备相应的传感装置，利用稳定可靠的测控装置将电气一次、二次信息、逆变器控制信息纳入集中监控系统中，减少日常维护成本，提高了光伏电站的自动化管理水平及运行可靠性。

四、系统接入（SVG）

SVG是一种用于动态补偿无功的新型电力电子装置，它能对大小变化的无功进行快速和连续的补偿，其应用可克服LC补偿器等传统的无功补偿器响应速度慢、补偿效果不能精确控制、容易与电网发生并联谐振和投切振荡等缺点，显著提升光伏电站接入点的电网稳定性及安全性。其基本原理是将自换相桥式电路通过电抗器直接并联在电网上，适当地调节桥式电路交流侧输出电压的相位和幅值，或者直接控制其交流侧电流，使该电路吸收或者发出满足要求的无功电流，实现动态无功补偿的目的。

五、气象预报系统

气象预报系统可以收集光伏电站所属区域的气象预报信息，制订各种气候条件下的防灾预案，以保证光伏电站的安全运行，减少灾害损失。同时，气象预报系统还可对制订光伏电站在未来时段的生产计划，合理地安排人员调配和设备检修计划提供支持。

六、安防视频监控系统

安防视频监控系统是一种全天候、全方位的实时监视设施，可以扩大运行调度人员的观察视野，随时掌握光伏电站设备运行、安全防范等实时情况，并可同时对每个现场场景进行实时录像，以便进行事故预防与分析。为提高企业运行管理水平，适应电站"无人值班、少人值守"的运行管理方式，安防视频监控系统将作为一种现代化的监视手段，为光伏电站内各项生产设施的安全运行提供保障。

七、远程监控系统

远程监控系统主要实现对所属光伏电站生产设备的数据采集、监视和控制等功能，并满足上级调度部门通过本系统所属各光伏电站实现四遥（遥信、遥测、遥调和遥控）的功能。为提高系统的可利用率和可维护性，远程监控系统能提供完备的诊断功能。对于计算机及其外围设备、人机接口、通信接口及网络设备的状态,诊断软件能进行周期性诊断、请求诊断和离线诊断。系统在线诊断时,不影响系统的监控功能。

任务实施

一、实训材料与工具

本任务为实地参观任务,需自备拍照工具与电脑,并需提前协调用车参观事宜。

二、实训步骤

1. 四人一组分组完成本任务。
2. 实地参观华能德州丁庄水库光伏电站控制室。
3. 光伏电站控制室内有哪些系统,每部分的外形和作用如何?请拍照记录。
4. 控制室内各部分之间的联系如何?请画出系统结构图。
5. 完成现场学习总结报告。

三、实训评价

根据表 3-2-1 对学生完成本次工作实训任务的表现进行评价。

表 3-2-1　实训评价表

任务	评价标准	配分	得分
光伏电站控制室系统组成与外形认识	(1) 系统组成各部分拍照不全面且不清晰:扣 1~10 分 (2) 各部分作用不明确:扣 1~10 分	20 分	
系统结构图	(1) 系统结构图不正确:扣 1~20 分 (2) 系统结构图不美观:扣 1~10 分	30 分	
完成总结报告	(1) 总结报告内容不正确、不全面且条理不清晰:扣 1~20 分 (2) 总结报告语言不准确,格式不美观:扣 1~10 分	30 分	
现场学习秩序与参与度	根据现场学习时的秩序与参与程度如实打分	20 分	
合计		100 分	

学生自评:

学生签字:　　　　　年　　月　　日

教师评价:

教师签字:　　　　　年　　月　　日

任务思考

光伏电站控制室的核心系统是哪个?具备哪些功能?

子任务二 光伏电站控制室的工作制度与操作规定

任务背景

光伏电站控制室是光伏电站最核心的部分,控制室相关工作人员须经过严格培训才能上岗,在控制室所进行的操作必须严格遵守操作规程。

任务分析

控制室的运行实行工作票制度,执行工作人员应具备相应资质,取得工作许可手续方可上岗。配电室的工作应遵循监护制度,监护人必须始终在现场。电气设备的倒闸应执行操作票制度和工作监护制度。

任务资讯

一、配电室工作制度

1. 配电室工作票制度

(1) 工作票内容

工作票是允许在配变电控制设备上工作的书面命令,根据安全条件分别使用第一、第二种工作票。其具体内容见表3-2-2。

表3-2-2 工作票制度

票种	工作内容	备注
第一种工作票	① 高压设备上工作需要全部停电或部分停电。 ② 高压室内的二次线路或照明等回路上的工作,须使高压设备停电或做安全设施。 ③ 配电站的扩充工作,需要停电做安全措施或安全距离不足须装设绝缘或一经合闸就送电到工作地点设备上的工作	
第二种工作票	① 带电作业和在带电设备外壳上的工作。 ② 控制盘和低压配电盘、配电箱、电源干线上的工作。 ③ 不需要高压设备停电的二次线路上的工作。 ④ 用绝缘棒或核相器等高压回路上和带电设备外壳上的工作。 ⑤ 已投运的变配扩充工作,只需采取简单的安全措施,向绝无触电危险的邻近有电处的工作	

(2) 工作票的填写与使用

① 紧急事故抢修可不填写工作票,但抢修设备上停电作业时,仍执行安全措施和工作许可。

② 工作票一式两份,书写正确清楚,不得任意涂改,若有更改由签发人盖章。

③ 一个工作负责人只能持有一张工作票,并以一个电气连接部分为限。

④ 一个电气连接部分或一个配电装置全部停电,则有不同的工作地点,可以发一张工作票。

2. 配电室工作许可制度

执行工作许可任务,可由能胜任操作的人员担任。工作许可人在完成施工现场的安全措施后,还应做到以下 5 个方面内容。

(1) 工作负责人到现场再次检查安全措施,验明无电。

(2) 对工作负责人指明带电设备的位置和注意事项。

(3) 和工作负责人在工作票上分别签名。

(4) 必须完成上述工作许可手续后,工作班方可开始工作。

(5) 工作负责人、工作许可人任何一方不得擅自变更安全措施,不得变更有关检修设备的运行接线方式;特殊情况需变更时,应事先取得对方同意。

3. 配电室工作监护制度

(1) 完成工作许可手续后,工作负责人(监护人)应向工作班所有人员交代现场安全措施、设备带电部位和其他注意事项。监护人必须始终在工作现场,对工作班人员认真监护,及时纠正违反安全规定的动作。

(2) 所有工作人员(包括监护人)不许单独留在高压区内,若工作需要且现场条件允许的情况下,可准许一名具有实际经验的工作人员或几人同时工作。监护人须将有关安全注意事项详尽指示。

(3) 监护人在全部停电时可以参加工作班工作。部分停电时,在安全措施绝对可靠的前提下方能参加工作班工作。监护人可根据现场安全条件、施工范围等情况,增设专人监护,专职监护人不得兼做其他工作。

(4) 监护人因故离开现场,应指定能胜任者临时代替。若监护人长时间离开现场,应由原工作票签发人更换新监护人,两名监护人做好必要的交接。

(5) 任何人发现有违反安全规程和危及人身安全的情况时,应向监护人提出整改意见,必要时可暂停工作,并立即报告上级。

4. 配电室工作间断、转移和终结制度

(1) 工作间断时,工作班人员应从现场撤出,安全措施保持不动,工作票仍由负责人执存。

(2) 间断后继续工作,无须通过工作许可人许可。每日工作完毕应清扫并开放已封闭的道路,并将工作票交回值班人;次日复工应得到值班人许可,取回工作票。工作负责人必须重新检查安全措施后才能工作。若无负责人和监护人带领,工作人员不得进入现场。

(3) 在未办理工作票终结手续以前,不准将施工设备合闸送电。

(4) 工作间断期间,若紧急需要,可将工作班全体人员已经离开的工作地点的确切情况告知工作负责人,在得到明确可以送电的答复后方可执行,并应采取下列措施:

① 拆除临时遮拦、接地线和标识牌,恢复常设遮拦,摘掉"止步、高压危险"的标示。

② 所有通路必须有专人守候,以告诉工作值班人员"设备已经合闸送电,不得继续工作"。守候人员在工作票未收回以前,不得离开守候地点。

(5) 检修工作结束,若需对设备施加工作电压,应按下列条件进行:

① 全体工作人员撤离工作地点。

② 收回所有工作票,拆除临时遮拦、接地线和标志牌,恢复常设遮拦。

③ 工作负责人和操作人员全面检查无误后,才可进行加压实验。

④ 工作班若需继续进行工作时,应重新履行工作许可。

(6) 同一电气连接部分用同一工作表,依次在几个工作地点转移工作时,全部安全措施开工前一次做完,无须再办转移手续,但负责人在转移工作地点时应清楚交代带电范围、安全措施和注意事项。

(7) 全部工作完毕,应清扫、整理现场,负责人应先周密检查,然后交代发现的问题、试验结果和存在问题,并与值班员共同检查设备状况,最后在工作票上填明工作终结时间,经双方答复后,工作票方可终结。

(8) 结束的工作票应保存 3 个月。

二、电气运行的倒闸操作

电气设备分为运行、备用(冷备用及热备用)、检修 3 种状态。将设备由一种状态转变为另一种状态的过程称为倒闸,通过操作隔离开关、断路器以及挂、拆接地线将电气设备从一种状态转换为另一种状态,或使系统改变了运行方式,其所进行的操作即为倒闸操作。倒闸操作必须执行操作票制度和工作监护制度。

1. 倒闸操作规定

倒闸操作是一项技术性较强的重要工作,操作人员必须充分了解有关电气设备相互之间的连接方式、运行情况以及保护整定值等情况,集中精力,谨慎操作。

(1) 倒闸操作必须得到运行领导人的命令或同意后才能进行。紧急情况下(火灾、自然灾害、人身事故等)可不经同意先行操作,但事后须尽快汇报。

(2) 倒闸操作设备必须获得各位运行现场负责人同意后进行,并应规定事故发生时和失去通信联系时的操作约定。

(3) 倒闸操作不得在交接班时进行,应尽可能在负荷最小时进行,紧急情况例外。

(4) 倒闸操作须在模拟盘上除标示闸刀、开关分合闸的位置外进行,还应标示出接地线的位置和临时编号,操作完毕后在模拟盘上标明清楚。

(5) 必须遵照倒闸操作表的顺序进行,严禁凭想象、凭记忆。

(6) 控制室内的操作范围包括下列各项:

① 开关、闸刀、熔丝的合上或拉开。

② 交直流操作回路的开关合上或拉开。

③ 继电保护、自动装置的启动或停用。

④ 临时接地线的拆除和撤出(包括验、放电)。

⑤ 有变压器分接头的调整。
⑥ 核项、核项序及用摇表测绝缘。
⑦ 保险管的挂上或取下。
（7）操作人员应严格遵守图3-2-2所示的步骤。

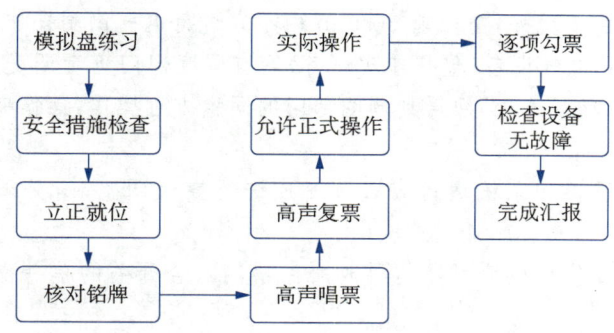

图 3-2-2　倒闸操作的执行步骤

◆ 任务实施

一、实训材料与工具

1. 电脑、白板与白板笔、工作票与倒闸操作票若干。
2. 某大型光伏并网电站概况与操作规定如下：

> 总装机容量20 MW，厂内87 200块太阳能光伏组件，分10个光伏阵列布置，整个光伏阵列呈矩形布置。每个光伏阵列为一个发电单元，每个发电2 MW，配置4台500 kW逆变器和一台2 100 kVA单元变压器，将5套逆变单元高压侧并接后，通过一回线路接入35 kV配电装置，全厂两回35 kV线路。为减少太阳能光伏组件直流线路的损失，每个发电单元对应的箱式变电站布置于光伏阵列的中间位置。箱式变电站的35 kV出线电缆通过电缆沟汇集到整个光伏升压站，经过升压后送出。由于太阳能电池板安装高度较低，太阳能电池方阵内不安装避雷针和避雷线等防直击雷装置，只在主控制室屋顶安装避雷带对控制室和综合楼进行防直击雷保护。
>
> 采用微机监控装置，实现遥控、遥测、遥信功能。光伏电站监控系统以2 MWp逆变升压室作为监控子单元。每个子单元设1套数据采集器和1套就地监控装置，对4台500 kW逆变器、汇流箱、升压变压器和交直流配电装置进行监控。全站共10个上述监控子单元，并通过通信线经通信管理机与变电站监控系统相连。通过设在逆变升压室内的就地监控装置可以实现本地监视和控制，通过设在变电站控制室内的大屏幕和操作员站实现远方监视和控制。其监控室操作规程如下：

一、操作要求
1. 倒闸操作规定

1.1 电气设备操作必须按照《电业安全工作规程》发电厂和升压站电气部分的规定进行。

1.2 除紧急情况外,交班前 30 min 内不宜进行电气倒闸操作。

1.3 35 kV 电气设备(包括二次设备)均有调度部门负责调度管理,所辖设备的操作除事故情况以外,必须得到调度部门的同意方可操作,操作完毕必须及时汇报调度部门。

1.4 电气设备和系统运行方式改变或进行重大调整时,必须向下一班交代清楚。

1.5 倒闸操作均应填写操作票或命令票,拉、合开关的单一操作可不填写操作票。

1.6 事故处理或紧急情况时,可不填写操作票或命令票,但事后应立即汇报主值,并做好详细记录。

1.7 电气设备倒闸操作除单一操作外,其他操作必须由两人进行。

1.8 严禁约时进行停、送电。

1.9 特殊情况下可以在升压站就地进行操作。

2. 倒闸操作基本步骤

2.1 调度(或站长)正式发布操作指令,并复诵无误。

2.2 由操作人员填写操作票。

2.3 审票人审核工作票,发现错误应由操作人重新填写。

2.4 监护人与操作人相互拷问和预想并提出操作危险点,签危险点控制单。

2.5 操作人按操作步骤逐项预演,核对操作步骤的正确性。

2.6 准备必要的安全工具、操作用具、钥匙,并检查绝缘板、绝缘靴、令克棒、验电笔等完好。

2.7 监护人逐项唱票,操作人复诵,并核对设备名称编号。

2.8 监护人确认无误后,发出允许操作的命令"正确执行";操作人正式操作,监护人逐项勾票。

2.9 操作完毕后对设备状态进行检查。

2.10 向调度汇报操作任务完成并做好记录,操作票盖"已执行"章。

2.11 对已操作过的设备进行复查。

2.12 调度(或站长)正式发布操作完毕指令,并复诵无误。

3. 倒闸操作原则

3.1 操作前后必须确认设备的状态和编号,以防止走错间隔或带负荷拉、合隔离开关。

3.2 严禁非同期并列,严禁误停电、误送电,严禁带负荷拉、合闸与带地线合闸,严禁带电挂接地线。

3.3 线路、母线、停电操作顺序为:先断开断路器,确认断路器已断开后,拉开负荷侧刀闸,然后拉开电源侧刀闸。

3.4 线路、母线送电操作顺序为:确认断路器断开后,合电源侧刀闸,然后合负荷侧刀闸,最后合上断路器。

3.5 变压器送电时应先合高压侧(带保护侧)断路器,后合低压侧断路器。

3.6 对中性点接地系统的变压器进行停、送电前都应先将中性点接地刀闸合上,操作结束后再根据调度要求对中性点接地方式进行调整。

3.7 正常情况下母线不得带负荷停、送电(事故处理时除外)。

3.8 电气设备停、送电,改变运行方式时,如涉及继电保护的定值配合、灵敏度、系统配合,应按继电保护的有关规定执行。

3.9 操作过程中严禁破坏设备的任何闭锁装置。

3.10 操作过程中严禁拆除正在使用的安全标志和围栏。

3.11 操作过程中严禁跳项操作。

3.12 没有正确核对相序、相位、压差、频差的系统或无同期装置的设备不得并列。

4. 母线、变压器的操作

4.1 母线、变压器操作的原则

4.1.1 变压器与母线停运或方式切换前,应认真检查负荷转移情况。短时停电时,要做好事故预想,防止因部分设备突然失电造成其他系统运行异常或故障。

4.1.2 母线停电检修时,必须将该母线上的所有电源、负荷开关隔绝;当所带负荷为双电源负荷时,应将对侧开关同时停运,防止返送电。

4.1.3 母线投运前,必须检查工作票,设备清洁无杂物,无遗忘的工具,无短路接地线,并对准备恢复送电的设备所属回路进行认真详细的检查,确认回路的完整性,符合运行条件。

4.1.4 母线投运前,应测量母线绝缘良好。

4.1.5 对于双电源母线,在送电前应核对各电源相位一致。

4.1.6 母线投运时,应先投运母线电压互感器,后投运母线电源开关;停运时,应先停运母线电源开关,后停运母线电压互感器。

4.1.7 变压器投入时,应先合电源侧开关,后合负荷侧开关,停运顺序相反。禁止由低压侧向变压器充电。

4.1.8 变压器和电压互感器的停电必须将高、低压两侧开关断开并停电隔离,防止低压侧向设备反送电。

4.1.9 35 kV 或 400 V 母线运行中,如要退出母线电压互感器,必须先断开直流电源开关,后断开交流二次开关;投入时与上述操作相反,防止引起低电压保护动作。

4.2 35 kV 开关由运行转检修操作票步骤

4.2.1 得调度令。

4.2.2 检查站用电源已切换。

4.2.3 检查所有逆变器停运。

4.2.4 检查母线上所有负荷开关在柜外。

4.2.5 断开开关。

4.2.6 检查开关确断。

4.2.7 将开关摇至试验位置。

4.2.8 取下开关二次插件。

4.2.9 将开关摇至柜外。

4.2.10 断开开关储能开关。

4.2.11 断开开关操作电源。

4.2.12 停 35 kV 母线 PT。

4.2.13 退出 35 kV 母线与开关相关保护。

4.2.14 根据工作票做相关安全措施。

4.3 35 kV 开关由检修转运行操作步骤

4.3.1 检查 35 kV 开关检修工作票已全部结束,且工作票已收回。

4.3.2 拆除 35 kV 开关回路所有安全措施。

4.3.3 检查 35 kV 开关回路完好无遗物。

4.3.4 测量 35 kV 母线绝缘良好。

4.3.5 送 35 kV 母线交直流电源。

4.3.6 送 35 kV 母线 PT。

4.3.7 检查开关保护投入正确。

4.3.8 合上开关操作电源开关。

4.3.9 检查开关本体完好。

4.3.10 检查开关确断。

4.3.11 将开关摇至试验位置。

4.3.12 给上开关二次插件。

4.3.13 将开关摇至工作位置。

4.3.14 检查开关三相触头接触良好。

4.3.15 合上开关储能开关。

4.3.16 合上开关。

4.3.17 检查 35 kV 母线电压正常。

4.4 UPS(uninterruptible power supply,不间断电源)开机操作

4.4.1 合上 UPS 旁路电源输入开关(CB2)。

4.4.2 合上 UPS 主路电源输入开关(CB1)后等待 5~10 s。

4.4.3 BYASS-IN;"BYASS"灯常亮。

4.4.4 合上 UPS 直流电源输入开关(CB5)。

4.4.5 合上 UPS 输出开关(CB3)。

4.4.6　按面板"ON"按键，LCD 显示屏亮起。

4.4.7　约 20 s"BYASS"灯灭，"INVERTER"灯常亮。

4.5　UPS 停机操作

4.5.1　按面板"OFF"键。

4.5.2　断开 UPS 输出开关(CB3)。

4.5.3　断开 UPS 直流电源输入开关(CB5)。

4.5.4　断开 UPS 主路电源输入开关(CB1)。

4.5.5　断开 UPS 旁路电源输入开关(CB2)。

二、监控系统的运行与维护

1. 一般规定

1.1　严禁对运行中的监控系统断电。

1.2　严禁更改监控系统中的参数、图表与相关的操作密码。

1.3　严禁将运行中的监控机退出监控窗口。严禁在监控机上安装与系统运行无关的程序。严禁在监控机上使用 U 盘等一切外接设备。

1.4　在监控机中操作断路器时，对其他设备的操作不得越限进行。

1.5　监控系统出现数据混乱或通信异常时，应立即检查并上报。

1.6　工作人员应熟悉有关设备的说明书，并对打印的资料妥善保管。

2. 运行维护规定

2.1　检查监控机电源运行是否正常，有无报警信号。

2.2　检查监控系统通信是否正常，显示器中各数据指示是否正确。

2.3　检查监控窗口各主菜单有无异常。

2.4　检查打印机工作是否正常，打印纸是否够用。

2.5　检查各软、硬压板是否正确投、退。

三、控制室电气设备的巡视检查要求与内容

1. 要求

1.1　巡视检查要精力集中，注意安全，不准同时进行其他工作。

1.2　巡视检查发现异常现象时，要及时处理，并做好记录。重大设备缺陷应立即向主管领导汇报。无论电气设备带电与否，未得主管领导批准，值班人员不得擅自接近导体进行修理或维护工作。

1.3　建立设备运行记录，查出问题及时修理，不能解决的问题及时报告管理处和工程部。

1.4　巡视配电装置，应随手将门关上并锁好。巡视中应穿绝缘鞋。

1.5　电气设备存在缺陷或过负荷时，应适当增加巡视次数，每班不少于 4 次。

1.6　新投入运行或大修后投入运行的设备，应在 72 h 内对其加强巡视，每班不少于 4 次。无异常情况后可按正常周期进行巡视。

2. 每班巡查内容

2.1　检查房内是否有异味，记录电压、电流、温度、电表运行数、检查屏上指示

灯、电气运行声音、补偿柜运行情况,发现异常及时修理与报告。
    2.2 供电器线路操作开关部位设明显标示。停电拉闸,检修停电,挂标示牌。
    2.3 配电室出入口及电缆层夹层出入口应装设挡鼠板防止小动物进入,确保挡板无破损情况。

二、实训步骤

1. 分组并下发实训资料。本任务四人一组分组完成。
2. 认真阅读以上的操作说明,模拟一种工作情况,根据小组分工情况完成工作票的填写(请说明分工情况与设定的工作内容)。

××光伏电站工作票

单位:＿＿＿＿＿＿＿＿＿＿＿＿＿＿＿   编号:＿＿＿＿＿＿＿

1. 工作负责人(监护人):＿＿＿＿＿＿   班组:＿＿＿＿＿＿
2. 工作班人员(不包括工作负责人):＿＿＿＿＿＿＿＿＿＿＿＿＿＿＿＿＿
＿＿＿＿＿＿＿＿＿＿＿＿＿＿＿＿＿＿＿＿＿＿＿＿＿＿＿＿共＿人
3. 工作的变、配电站名称及设备双重名称:
＿＿＿＿＿＿＿＿＿＿＿＿＿＿＿＿＿＿＿＿＿＿＿＿＿＿＿＿＿＿＿＿＿
4. 工作任务

工作地点及设备双重名称	工作内容

5. 计划工作时间:自＿＿年＿月＿日＿时＿分至＿＿年＿月＿日＿时＿分
6. 工作条件(停电或不停电,或邻近及保留带电设备名称):＿＿＿＿＿＿＿
＿＿＿＿＿＿＿＿＿＿＿＿＿＿＿＿＿＿＿＿＿＿＿＿＿＿＿＿＿＿＿＿＿
7. 注意事项(安全措施):＿＿＿＿＿＿＿＿＿＿＿＿＿＿＿＿＿＿＿＿＿＿
＿＿＿＿＿＿＿＿＿＿＿＿＿＿＿＿＿＿＿＿＿＿＿＿＿＿＿＿＿＿＿＿＿
    工作票签发人签名:＿＿＿＿＿ 签发日期:＿＿年＿月＿日＿时＿分
8. 补充工作地点保留带电部分和安全措施(由工作许可人填写):＿＿＿＿
＿＿＿＿＿＿＿＿＿＿＿＿＿＿＿＿＿＿＿＿＿＿＿＿＿＿＿＿＿＿＿＿＿
9. 确认本工作票1~8项
    工作负责人签名:＿＿＿＿＿＿   工作许可人签名:＿＿＿＿＿＿
    许可工作时间:＿＿＿年＿月＿日＿时＿分
10. 确认工作负责人布置的工作任务和安全措施
    工作班人员签名:＿＿＿＿＿＿＿＿＿＿＿＿＿＿＿＿＿＿＿＿＿＿＿

11. 工作票延期:有效期延长到____年__月__日__时__分
    工作票负责人签名:_____   ____年__月__日__时__分
    工作票许可人签名:_____   ____年__月__日__时__分
12. 工作票终结:全部工作于____年__月__日__时__分结束,工作人员已全部撤离,材料工具已清理完毕。
    工作票负责人签名:_____   ____年__月__日__时__分
    工作票许可人签名:_____   ____年__月__日__时__分
13. 备注:_____

3. 认真阅读以上的操作说明,思考:如果以上电站 35 kV 母线由运行转为检修,需要进行哪些倒闸操作？并完成操作票的填写。

电气倒闸操作票

记录编号:

电站名称	×××光伏电站		编号	
发令时间		年　月　日　时　分		
操作开始时间:	年　月　日　时　分		操作结束时间:	年　月　日　时　分
操作任务:				
顺序	操作项目		已执行	
备注:				
操作人:	监护人:		值班长:	

三、实训评价

根据表 3-2-3 对学生完成本次工作实训任务的表现进行评价。

表 3-2-3　实训评价表

任务	评价标准	配分	得分
工作票的填写	(1) 工作情况和人员分工设定不合理：扣 1~10 分 (2) 工作票填写不规范：错一处扣 3 分	40 分	
操作票的填写	(1) 操作步骤不正确：错一步或漏一步扣 5 分 (2) 操作票填写不规范：扣 1~10 分	40 分	
小组讨论积极性与贡献程度	根据小组讨论的参与度与贡献度如实打分	20 分	
合计		100 分	
学生自评：			
	学生签字：	年　月　日	
教师评价：			
	教师签字：	年　月　日	

任务思考

1. 什么是倒闸操作？应遵循怎样的原则？
2. 如果是 35 kV 母线由检修转运行，需要填写怎样的操作票？

任务三
光伏电站运行与维护操作要求与巡检内容

子任务一　光伏电站运维的操作要求

◇ 任务背景

虽然大部分的光伏电站系统并非跟踪式，组件支架等为固定部件，不容易损坏，其维护也非常简便，但也需定期维护，否则可能影响正常使用，甚至缩短使用寿命。一般来说，光伏组件倾斜角应超过30°，灰尘可由雨水冲刷而自行清洁。在风沙较大的地区，应经常清除灰尘，保持光伏电池组件表面的清洁，以免影响发电量。定期检查所有安装部件的紧固程度，遇到冰雹、狂风、暴雨等异常天气，应及时采取保护措施。经常检查蓄电池的充电、放电情况，随时观察电极和接线是否有腐蚀或接触不良现象。在一些简单的系统中应根据储能情况控制电量，防止蓄电池因过放电而损坏，发现有异常情况应立刻检查、维修。光伏系统的运行与维护应在保证安全的前提下，使系统维持最大的发电量，为此，应按规定对系统进行定期巡检、预防性试验和检修。

◇ 任务分析

要掌握光伏电站的运维操作，首先要了解光伏电站的组成部分以及每个部分运行与维护的操作要求，还要了解光伏电站运行期的主要工作有哪些。本任务将结合项目二的内容，系统整理光伏电站运行与维护的具体操作内容。通过本任务的学习，同学们将掌握学校屋顶光伏电站的各项运维操作。

◇ 任务资讯

一、光伏电站的系统组成

典型的大型光伏电站系统组成如图3-3-1所示，其中每部分的作用及维护方法在项目一中已经详细学习，此处不再赘述。

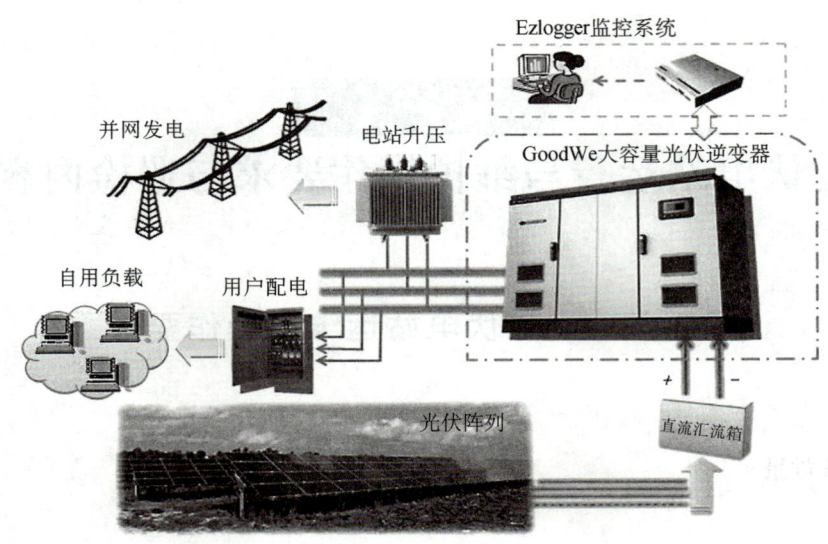

图 3-3-1　大型光伏电站系统

二、运行与维护一般要求

（1）光伏电站的运行与维护应保证系统本身安全，以及系统不会对人员造成危害，并使系统维持最大的发电能力。光伏运维人员必须经过设备部培训指导方能上岗。

（2）光伏电站的主要部件应始终在产品标准规定的范围之内运行，达不到要求的部件应及时维修或更换。

（3）光伏电站的主要部件周围不得堆积易燃易爆物品，设备本身及周围环境应通风散热良好，设备上的灰尘和污物应及时清理。

（4）光伏电站的主要部件上的各种警示标识应保持完整，各个接线端子应牢固可靠，设备的接线孔处应采取有效措施防止蛇、鼠等小动物进入设备内部。

（5）光伏电站的主要部件在运行时，指示灯、温度、声音、气味等不应出现异常情况；注意保持部件清洁。

（6）光伏电站中作为显示和交易的计量设备和器具必须符合计量法的要求，并定期校准且做好记录。

（7）光伏电站运维人员应具备与自身职责相应的专业技能。在工作之前必须做好安全防护准备工作，断开所有应断开开关，确保电容、电感放电完全，必要时应穿绝缘鞋、戴低压绝缘手套，使用绝缘工具。工作中涉及专业技能操作时必须两人同时在场，一人监护、一人操作，工作完毕后应排除系统可能存在的事故隐患。严格遵守设备部制定的太阳能设备安全操作规程。

（8）妥善保管光伏电站运行和维护的详细过程记录，运维人员须按照设备部门制定的检查项目、检查标准认真执行，并对每次故障记录进行分析，做好改善性维护维修工作。

（9）维护维修、日常检查、数据统计必须由专人专职负责。规划完善程序、项目、责任、制度、绩效等办法。

三、光伏电站各部分运行与维护操作要点

(一) 光伏方阵的运行与维护操作

1. 安装型光伏电站中光伏组件(太阳能电池板)的运行与维护

(1) 光伏组件表面应保持清洁,根据实际情况每月清洁不少于 3 次。清洗光伏组件时应注意:

① 应使用柔软洁净的布料擦拭光伏组件,严禁使用腐蚀性溶剂或用硬物擦拭光伏组件。

② 应在辐照度低于 200 W/m^2 的情况下清洁光伏组件,不宜使用与组件温差过大的液体清洗组件;特别是夏、秋两季中午太阳光照强烈时,绝对不允许直接用冷水清洗光伏组件。

③ 严禁在风力大于 4 级、大雨或大雪的气象条件下清洗光伏组件;严禁雨天或雪天上房顶作业。

(2) 光伏组件应按照设备部点检项目标准定期检查,若发现下列问题应立即调整或更换光伏组件:

① 光伏组件存在玻璃破碎、背板灼焦、明显的颜色变化等问题。

② 光伏组件中存在与组件边缘或任何电路之间形成连通通道的气泡。

③ 光伏组件接线盒变形、扭曲、开裂或烧毁,接线端子无法良好连接。

(3) 检查光伏组件上的带电警示标志。

(4) 检查光伏组件的金属边框是否结合良好,二者之间接触电阻应不大于 4 Ω。边框必须牢固接地。

(5) 每旬在太阳辐射强度基本一致的条件下,使用直流钳型电流表测量接入同一个直流汇流箱的各光伏组件串的输入电流,其偏差应不超过 5%。

2. 光伏电站及户用光伏系统的运行与维护

除符合设备部制定的专项规定外,还应符合下列规定:

(1) 光伏组件应定期由专业人员检查、清洗、保养和维护。若发现下列问题应立即调整或更换:

① 中空玻璃结露、进水、失效。

② 玻璃炸裂,包括玻璃热炸裂和钢化玻璃自爆炸裂。

③ 玻璃松动、开裂、破损等。

(2) 光伏构件的排水系统必须保持畅通,应定期疏通。

(3) 光伏组件的五金附件应无功能障碍或损坏,安装螺栓或螺钉不应有松动和失效等现象。

(4) 光伏组件的密封胶应无脱胶、开裂、起泡等不良现象,密封胶条不应脱落或损坏。

(5) 对光伏组件进行检查、清洗、保养、维修时所采用的机具设备必须牢固,操作灵活方便,安全可靠,并应有防止撞击和损伤光伏建材和光伏构件的措施。严禁工作人员高处抛物,如果进行提升作业必须经过主任批准,保证防护安全措施到位。

(6) 在室内清洁光伏组件构件时,禁止水流入防火隔断材料及组件或方阵的电气接口。

(7) 清洁人员按照设备处制定的点检项目及标准执行工作,且做好工作记录。

(二) 直流汇流箱、直流配电柜的运行与维护操作

1. 直流汇流箱(柜)的运行与维护

(1) 直流汇流箱(柜)不得存在变形、锈蚀、漏水、积灰现象,箱(柜)体外表面的安全警示标志应完整无破损,箱(柜)体上的防水锁启闭应灵活。

(2) 直流汇流箱(柜)内各个接线端子不应出现松动、锈蚀现象。

(3) 直流汇流箱(柜)内的高压直流熔丝的规格应符合设计规定。

(4) 直流输出母线的正极对地、负极对地的绝缘电阻应大于 2 MΩ,由专业电工在雨季前检查并记录。

(5) 直流输出母线端配备的直流断路器,其分断功能应灵活、可靠。

(6) 直流汇流箱(柜)内防雷器应有效。由专业电工在雨季前检查并记录。

(7) 直流汇流箱的巡检每月不少于 1 次,雨季可增加到每月 2 次;检查时须两名工作人员同时在场。

(三) 控制器、逆变器的运行与维护操作

1. 控制器的运行与维护

(1) 控制器的过充电电压、过放电电压的设置应符合设计要求。

(2) 控制器上的警示标志应完整清晰。

(3) 控制器各接线端子不得出现松动、锈蚀现象。

(4) 控制器内的高压直流熔丝的规格应符合设计规定。

(5) 直流输出母线的正极对地、负极对地、正负极之间的绝缘电阻应大于 2 MΩ。

2. 逆变器的运行与维护

(1) 逆变器结构和电气连接应保持完整,不应存在锈蚀、积灰等现象,散热环境应良好,逆变器运行时不应有较大振动和异常噪声。

(2) 逆变器上的警示标志应完整无破损。

(3) 逆变器中模块、电抗器、变压器的散热器风扇根据温度自行启动和停止的功能应正常,散热风扇运行时不应有较大振动及异常噪声,如有异常情况应断电检查。

(4) 定期将交流输出侧(网侧)断路器断开一次,逆变器应立即停止向电网馈电。

(5) 逆变器中直流母线电容温度过高或超过使用年限,应及时更换。

(四) 接地与防雷系统运行与维护操作

(1) 光伏接地系统与建筑结构钢筋的连接应可靠。

(2) 光伏组件、支架、电缆金属铠装与屋面金属接地网格的连接应可靠。

(3) 光伏方阵与防雷系统共用接地线的接地电阻应符合相关规定。

(4) 光伏方阵的监视、控制系统、功率调节设备接地线与防雷系统之间的过电压保护装置功能应有效,其接地电阻应符合相关规定。

(5) 光伏方阵防雷保护器应有效,并在雷雨季节到来之前、雷雨过后及时检查。

(五) 交流配电柜及线路运行与维护操作

1. 交流配电柜的维护

(1) 交流配电柜维护前应提前通知停电起止时间,并将维护所需工具准备齐全。

(2) 交流配电柜维护时应注意以下安全事项：
① 停电后应验电，确保在配电柜不带电的状态下进行维护。
② 在分段保养配电柜时，带电和不带电配电柜交界处应装设隔离装置。
③ 操作交流侧真空断路器时，应穿绝缘靴、戴绝缘手套，并有专人监护。
④ 在电容器对地放电之前，严禁触摸电容器柜。
⑤ 配电柜保养完毕送电前，应先检查有无工具遗留在配电柜内。
⑥ 配电柜保养完毕后，拆除安全装置，断开高压侧接地开关，合上真空断路器，观察变压器投入运行无误后，向低压配电柜逐级送电。

(3) 交流配电柜维护时应注意以下项目：
① 确保配电柜的金属架与基础型钢应用镀锌螺栓完好连接，且防松零件齐全。
② 配电柜标明被控设备编号、名称或操作位置的标识器件应完整，编号应清晰、工整。
③ 母线接头应连接紧密，不应变形，无放电变黑痕迹，绝缘无松动和损坏，紧固连接螺栓不应生锈。
④ 手车、抽出式成套配电柜推拉应灵活，无卡阻碰撞现象；动静头与静触头的中心线应一致，且触头接触紧密。
⑤ 配电柜中开关、主触点不应有烧熔痕迹，灭弧罩不应烧黑和损坏，紧固各接线螺丝，清洁柜内灰尘。
⑥ 把各分开关柜从抽屉柜中取出，紧固各接线端子。检查电流互感器、电流表、电度表的安装和接线，手柄操作机构应灵活可靠，紧固断路器进出线，清洁开关柜内和配电柜后面引出线处的灰尘。
⑦ 低压电器发热物件散热应良好，切换压板应接触良好，信号回路的信号灯、按钮、光字牌、电铃、电筒、事故电钟等动作和信号显示应准确。
⑧ 检验柜、屏、台、箱、盘间线路的线间和线对地间绝缘电阻值，馈电线路必须大于 0.5 MΩ，二次回路必须大于 1 MΩ。

2. 电线电缆维护
(1) 电缆不应在过负荷的状态下运行，电缆的铅包不应出现膨胀、龟裂现象。
(2) 电缆在进出设备处的部位应封堵完好，不应存在直径大于 10 mm 的孔洞，否则用防火堵泥封堵。
(3) 在电缆对设备外壳压力、拉力过大部位，电缆的支撑点应完好。
(4) 电缆保护钢管口不应有穿孔、裂缝和显著的凹凸不平现象，内壁应光滑；金属电缆管不应有严重锈蚀；不应有毛刺、硬物、垃圾，如有毛刺，锉光后用电缆外套包裹并扎紧。
(5) 应及时清理室外电缆井内的堆积物、垃圾；如电缆外皮损坏，应进行处理。
(6) 检查室内电缆明沟时，要防止损坏电缆；确保支架接地与沟内散热良好。
(7) 直埋电缆线路沿线的标桩应完好无缺；路径附近地面无挖掘；确保沿路径地面上无堆放重物、建材及临时设施，无腐蚀性物质排泄；确保室外露地面电缆保护设施完好；电缆敷设面、电缆敷设沟槽附近每 10 d 检查一次。
(8) 确保电缆沟或电缆井的盖板完好无缺；沟道中不应有积水或杂物；确保沟内支架牢固，无锈蚀、松动现象；铠装电缆外皮及铠装不应有严重锈蚀。

（9）多根并列敷设的电缆，应检查电流分配和电缆外皮的温度，防止因接触不良而引起电缆烧坏连接点。

（10）确保电缆终端头接地良好，绝缘套管完好、清洁、无闪络放电痕迹；确保电缆相色应明显。

（11）金属电缆桥架及其支架和引入或引出的金属电缆导管必须接地（PE）或接零（PEN）可靠；桥架与桥架间应用接地线可靠连接。

（12）桥架穿墙处防火封堵应严密无脱落。

（13）确保桥架与支架间螺栓、桥架连接板螺栓固定完好。

（14）桥架不应出现积水。

（15）交流配电柜 20 台分别布置在室内配电房。

（六）光伏系统与基础结合部分的维护操作

（1）光伏系统应与基础主体结构连接牢固，在大风、暴雨等恶劣的自然天气过后应普查光伏方阵的方位角及倾角，使其符合设计要求。

（2）光伏方阵整体不应有变形、错位、松动。

（3）用于固定光伏方阵的植筋或后置螺栓不应松动；采取预制基座安装的光伏方阵，预制基座应放置平稳、整齐，位置不得移动。

（4）光伏方阵的主要受力构件、连接构件和连接螺栓不应损坏、松动，焊缝不应开焊，金属材料的防锈涂膜应完整，不应有剥落、锈蚀现象。

（5）光伏方阵的支撑结构之间不应存在其他设施；光伏系统区域内严禁增设对光伏系统运行及安全可能产生影响的设施。

（七）数据通信系统运行与维护操作

（1）监控及数据传输系统设备应保持外观完好，螺栓和密封件应齐全，操作键接触良好，显示读数清晰。

（2）对于无人值守的数据传输系统，每天至少检查 1 次系统的终端显示器有无故障报警，如果有故障报警，应该及时通知相关专业公司进行维修。

（3）每年至少 1 次对数据传输系统中输入数据的传感器灵敏度进行校验，同时对系统的 A/D 变换器的精度进行检验。

（4）数据传输系统中的主要部件，凡是超过使用年限的，均应及时更换。

任务实施

一、实训材料与工具

本任务要进行现场运维操作，请提前准备好工具和安全防护用品。

二、实训步骤

1. 分组并下发实训材料。本任务四人一组完成。

2. 讨论与头脑风暴，整理运维操作要点清单，并根据清单进行现场操作。

（1）光伏方阵的运行与维护操作有哪些要点？

（2）直流汇流箱、直流配电柜的运行与维护操作有哪些要点？

(3) 控制器、逆变器的运行与维护操作有哪些要点？
(4) 交流配电柜及线路运行与维护操作有哪些要点？

三、实训评价

根据表 3-3-1 对学生完成本次工作实训任务的表现进行评价。

表 3-3-1 实训评价表

任务	评价标准	配分	得分
光伏方阵的运行与维护操作	(1) 操作要点清单不全面：扣 1～5 分 (2) 各项操作不规范：扣 1～15 分	20 分	
直流汇流箱、直流配电柜的运行与维护操作	(1) 操作要点清单不全面：扣 1～5 分 (2) 各项操作不规范：扣 1～15 分	20 分	
控制器、逆变器的运行与维护操作	(1) 操作要点清单不全面：扣 1～5 分 (2) 各项操作不规范：扣 1～15 分	20 分	
交流配电柜及线路运行与维护操作	(1) 操作要点清单不全面：扣 1～5 分 (2) 各项操作不规范：扣 1～15 分	20 分	
现场学习秩序与参与度	根据现场学习时的秩序与参与程度如实打分	10 分	
安全文明生产	根据现场学习安全文明生产表现如实打分	10 分	
合计		100 分	
学生自评： 学生签字：　　　　　年　　月　　日			
教师评价： 教师签字：　　　　　年　　月　　日			

◆ 任务思考

除了上面任务操作的部分，还有哪些运维操作要点？如果是更大型的光伏电站呢？

子任务二　光伏电站运维的巡检项目

◇ 任务背景

对于光伏电站来说,日常巡检是必不可少的。一般大于 80 kW 容量的系统应当配备专人巡检,80 kW 容量以内的系统可以由用户自行检查。

◇ 任务分析

关于光伏电站的巡检,有些是日常项目,有些是定期项目,根据实际要求需要进行日巡检、周巡检、月巡检等。通过每天、每周、每月的巡检及时发现问题和隐患,确保电站安全可靠运行,短时间无法解决的问题可以汇总记录,季度检修时一并解决。季度检修需要对所有设备进行全面排查维护。通过本任务的学习,同学们将了解光伏电站运维巡检项目的周期及标准,完成对屋顶 1.1 MV 光伏电站的日巡检、周巡检、月巡检,并填写对应的巡检记录单。

◇ 任务资讯

一、日常巡检工作标准

1. 厂区设备巡检

(1)每班巡检不少于 3 次,巡回检查必须由两人共同进行,带上对讲机。平时巡检一人驾车、一人密切观察路面电池板表面是否清洁、是否损坏或有其他异常现象,支架是否正常。驾车时车速不应过快,以免弹起小石子砸到组件;应随车携带万用表、螺丝刀、测温枪、铁锹等常用工具,如发现有遮挡组件的杂草、垃圾应及时清除。

(2)逆变室、箱变巡检应先室外、后室内。室外查逆变室门窗是否完整,地表是否平整,箱变声音、温度是否正常。每班轮值期间至少要打开箱变低压室柜门检查 1 次,查完后将柜门锁好。室内应注意设备运行温度,有无异常声响,接头处有无虚接、过热造成的火花、变色或放电声等;各表计、LED 屏、指示灯是否显示正常,房屋是否漏雨,电缆沟有无积水等。要对巡检过程中发现的问题及处理方案做好记录。

(3)厂区四周围栏每班至少全面巡检 1 次,巡检时带上扳手、钳子、铁丝,发现围栏被打开应及时封堵住。

(4)厂区所有大门平时应上锁。

(5)发现厂区植被过高遮挡组件时,应组织人员及时铲除,保证电站的经济效益。此工作可根据厂区巡检情况、植被长势合理安排,早清除、勤清除,有遮挡组件的清除,未遮挡地方适当预留,以便固沙使用。

(6) 巡检时禁止吸烟,做好防火工作,以免造成不必要的损失。

2. 站内设备的巡检

(1) 主控室、配电室总体要求

① 主控室、配电室内所有电气设备,1#、2#站用变压器,SVG 变压器每天至少检查 4 次;每班每天应夜间闭灯检查 1 次。

② 检查时应精心、细致,要做到:走到、听到、看到、闻到、摸到(不许触碰者除外)。检查内容按现场运行规程的规定进行。

③ 环境温度较高时,用测温枪测量 SVG 功率柜,散热窗温度超过 30 ℃时应启动冷却风机,环境温度较低时停止冷却风机。

④ 巡检记录应按时填写。

(2) 主控室留守人员应密切观察后台监控各设备运行参数,运行数据记录每小时抄 1 次;逆变室、箱变参数页面每天查看不少于 10 次,特别是中午负荷较高时,应加强巡视。发现问题及时用对讲机联系厂区工作人员处理。值班期间不得进行玩手机、听歌等与工作无关的活动。站长应不定时查看后台监控参数,如发现问题而监查人员未发现,应对其进行经济责任考核。

(3) 主控室留守人员应按时查看网络监控视频,通过各区安装的摄像头辅助巡视设备,如发现设备问题或厂区有非本站人员、车辆活动,应及时通知厂区工作人员处理。电站周边如有其他单位未经通报施工,应及时询问并制止,避免伤到本站地埋线、架空线等其他设备。站内施工时必须填写工作票,并由当班人员带施工人员到现场,交代清楚注意事项,做好安全措施后方能开始施工,如有需要当班人员应全程监督。

(4) 每天逆变器解列后抄电量,填报表应仔细、认真、及时,保证数据的正确性。所有数据、统计报表的填写一定要字迹工整,不得涂改,一律用黑色钢笔或中性笔填写。值班长负责发送上报报表,并复查和核对当天所有电量报表,如发现数据异常应及时查找原因。站长第二天应审核所有报表内容、录入办公室电脑存档,如发现错报、漏报或报表填写不规范对其进行经济责任考核。

(5) 当班人员应视情况关灯,停用空调、暖气、热水器等耗能设备,晚上锁好大门,关好门窗。如发现常明灯,热水器常开,室内无人使用空调、暖气等现象发生应对当班人员考核。

(6) 主控室的监控电脑、光功率预测电脑、视频监控电脑、五防电脑不允许插入 U 盘,一般电脑插入 U 盘、站外人员使用电脑须经站长同意。

3. 除定期巡回检查外,还应根据设备运行情况、负荷情况、自然情况及气候情况等增加巡回检查次数

例如,对过负荷设备每小时巡查 1 次,对严重过负荷设备应严密监视;对发生故障处理的设备,在投入运行 4 h 内每 2 h 检查 1 次;对危及安全运行的重大设备缺陷,每隔 30 min 或 1 h 巡查 1 次;遇大风、大雪、雷雨、冰雹等天气后,要增加特巡次数等。

4. 站长每月对厂区设备巡检不少于 2 次,每班对站内设备巡检不少于 1 次;督促检查各岗位值班人员严格执行巡回检查制度

巡检时如发现值班人员不进行巡检或当班有问题而未及时发现、汇报的,应根据问题大小对其进行经济责任考核。

二、光伏电站巡检项目及周期

光伏运维的工作内容可按次、按年或长期服务。

1. 电池组件清洗工作

清洗条件：光伏方阵输出低于初始状态（上次清洗结束时）输出的95%。灰尘以及鸟粪积在光伏板表面上，都会使光伏方阵发电量下降，特别是鸟粪遮盖局部地方会引起热斑效应，白天光照下鸟粪遮盖处的电池元件会局部不正常地发热，这会缩短光伏板使用寿命。因此，组件上的污点及鸟粪必须擦拭干净。

2. 实时数据监控分析

实时监控电站状态及发电量，重大故障报警当天要对现场进行巡检定位、及时处理，并总结故障原因。对电站运行和维护的全部过程进行详细记录，所有记录必须妥善保管，并对每次故障记录进行分析。

3. 每年定期整体检修

对主要部件和关键位置进行检修维护，达不到要求的部件应及时更换，使系统维持最大的发电能力。检修完成后出具检修报告，按照检修周期可分为日巡检、周巡检、月巡检以及季度大检修。

电站日巡检工作包括：直流柜馈线开关、继保测控装置指示灯是否指示正确、状态正确，有无损坏现象；测量表计显示是否正确；绝缘监察装置工作是否正常；有无故障报警；设备标志是否齐全、正确。

电站周巡检工作包括：升压站户外端子箱柜内是否清洁无杂物；设备元件标识是否清晰、无损坏现象；柜体密封是否良好，柜内有无凝露、进水现象，户外断路器设备本体有无悬挂物；内部有无异响；引线有无放电现象；机构箱内部有无灰尘及杂物，密封是否良好；断路器、隔离开关一次设备载流导体元件接头、引线等设备温度测试，主变压器显示是否清晰，隔离开关瓷瓶外表面有无锈蚀、变形，接地刀闸与隔离开关机械闭锁是否可靠，控制箱密封是否良好。

电站月巡检工作包括：直埋电缆路面是否正常，有无挖掘现象；线路标桩是否完整无缺；光伏组件是否存在玻璃破碎、背板灼焦、明显的颜色变化等现象；光伏组件是否存在与组件边缘或任何电路之间形成连通通道的气泡；光伏组件是否存在接线盒变形、扭曲、开裂或烧毁，接线端子是否连接良好；光伏组件表面有无鸟粪、灰尘。支架的所有螺栓、焊缝和支架连接是否牢固可靠，表面的防腐涂层是否出现开裂和脱落现象；直流汇流箱是否存在变形、锈蚀、漏水、积灰现象；箱体外表面的安全警示标志是否完整无破损；各个接线端子是否出现松动、锈蚀现象；直流汇流箱内的高压直流熔丝是否熔断。

📚 任务实施

一、实训材料与工具

1. 日巡检项目表、周巡检项目表、月巡检项目表若干。
2. 本任务要进行现场运维操作，请提前准备好工具和安全防护用品。

二、实训步骤

1. 完成日巡检项目，并填写日巡检项目表。

表 3-3-2　日巡检项目表

序号	巡视设备	巡检内容	巡检标准	备注
1	直流系统	直流柜馈线开关指示灯指示是否正确、状态是否正确，有无损坏现象	直流柜馈线开关指示灯指示正确、状态正确，无损坏现象	
		直流柜测量表计显示是否正确，有无损坏现象	直流柜测量表计显示正确，无损坏现象	
		直流柜绝缘检查装置工作是否正常，有无故障报警	直流柜绝缘检查装置工作正常，无故障报警	
		指示灯、电压表显示是否正常，有无损坏	指示灯、电压表显示正常，无损坏	
		充电器风扇有无异响	充电器风扇无异响	
		设备标志是否齐全、正确	设备标志齐全、正确	
2	继保装置	指示灯指示是否正常、亮度是否正常	指示灯指示正常、亮度正常	
		指示仪表指示是否正确	指示仪表指示正确	
		控制开关、压板位置是否正确	控制开关、压板位置正确	
		有无异常报警	无异常报警	
3	故障录波器	屏内打印机色带及纸张是否充足	屏内打印机色带及纸张充足	
		有无异常报警	无异常报警	
4	测控装置	有无异常报警	无异常报警	
		GPS 时钟显示是否正确	GPS 时钟显示正确	
		电源指示是否正常	电源指示正常	
5	电能计量系统	电能表显示是否正常，有无报警	电能表显示正常，无报警	
		核对电量报表，电量数据是否正确	电量报表，电量数据正确，误差在规定范围之内	
6	运动设备	远动机运行是否正常，通信是否正常	远动机运行正常，通信正常	
7	升压站户外端子箱	柜内是否清洁、有无杂物	柜内清洁、无杂物	
		设备元件标识是否清晰，有无损坏现象	设备元件标识清晰，无损坏现象	
		柜体密封是否良好，柜内有无凝露、进水现象	柜体密封良好，柜内无凝露、进水现象	

(续表)

序号	巡视设备	巡检内容	巡检标准	备注
8	户外断路器	设备本体有无悬挂物	设备本体无悬挂物	
		断路器本体内部有无异响	断路器本体内部无异响	
		引线有无放电现象	引线无放电现象	
		机构箱内部有无灰尘及杂物,密封是否良好	机构箱内部无灰尘及杂物,密封良好	
9	变压器	储油柜外观是否完好	储油柜外观完好	
		法兰、管路有无渗漏	法兰、管路无渗漏	
		油位计、油位表是否完好,显示是否清晰,油位是否正常	油位计、油位表完好,显示清晰,油位在厂家规定范围内	
		瓦斯继电器外观是否完好,本体、法兰有无渗漏	瓦斯继电器外观完好,本体、法兰无渗漏	
		法兰、蝶阀有无渗漏	法兰、蝶阀无渗漏	
		吸湿器玻璃筒是否完好,硅胶有无变色,油碗内的密封油位是否正常	吸湿器玻璃筒完好,硅胶无变色,油碗内的密封油位正常	
		变压器本体声音是否异常	变压器本体声音无异常(正常运行的变压器,发出的是均匀的"嗡嗡"声)	
10	隔离开关	隔离开关瓷瓶外表面有无锈蚀、变形	隔离开关瓷瓶外表面无锈蚀、变形	
		接地刀闸与隔离开关机械闭锁是否可靠	接地刀闸与隔离开关机械闭锁可靠	
		控制箱密封是否良好	控制箱密封良好	
		隔离开关载流导体元件接头、触头、引线等设备温度测试	用红外成像仪测量,与历次测量数据进行比较无明显或局部过热现象	
11	电流互感器	电流互感器有无渗漏油现象	电流互感器无渗漏油现象	
		瓷瓶是否完好,有无放电现象	瓷瓶完好,无放电现象	
		油位是否在油表上下限刻度之内	油位在油表上下限刻度之内	
		检查接头、本体温度测量	用红外成像仪测量,与历次测量数据进行比较无明显或局部过热现象	

（续表）

序号	巡视设备	巡检内容	巡检标准	备注
12	电压互感器	本体有无渗漏	本体无渗漏	
		瓷瓶有无裂纹、放电现象	瓷瓶无裂纹、放电现象	
		油位是否在油表上下限刻度之内	油位在油表上下限刻度之内	
		一次引线接头、瓷套表面、一次端子箱等部位温度测试	用红外成像仪测量，与历次测量数据进行比较无明显或局部过热现象	
13	高压开关柜	开关位置指示与开关状态是否一致，储能机构状态是否正确	开关位置指示与开关状态一致，储能机构状态正确	
		开关在运行位时高压带电显示二相指示灯是否亮	开关在运行位高压带电显示二相指示灯亮	
		一次控制柜标示牌是否齐全、正确	一次控制柜标示牌齐全、正确	
		母线电压表显示与额定电压是否一致	母线电压表显示与额定电压一致	
14	低压配电柜	母线电压、电流表计是否完整，指示是否正确	母线电压、电流表计完整，指示正确	
		一次保险有无熔断、保险座有无损坏	一次保险无熔断、保险座无损坏	
		检查开关分、合位置指示是否正确	开关分、合位置指示正确	
		红、绿灯指示是否正确	红、绿灯指示正确	
		开关有无异响、异味	开关无异响、异味	
		合闸操作手柄是否完整，位置指示是否正确	合闸操作手柄完整，位置指示正确	
		面板按钮是否齐全，红、绿灯指示是否正确	面板按钮齐全，红、绿灯指示正确	
15	SVG	冷却系统自启动是否正常	冷却系统启动正常	
		控制系统参数设置是否正确	控制系统参数设置正确	

2. 完成周巡检项目，并填写周巡检项目表。

表 3-3-3　周巡检项目表

序号	巡视设备	巡检内容	巡检标准	备注
1	继保装置	空气开关位置是否正确，熔断器有无熔断	空气开关位置正确，熔断器无熔断	
		继电器有无抖动、发热现象	继电器无抖动、发热现象	
		端子排有无损坏、发热，一次线有无脱落	端子排无损坏、发热，一次线无脱落	

(续表)

序号	巡视设备	巡检内容	巡检标准	备注
1	继保装置	标识是否完好,字体是否清晰	标识完好,字体清晰	
		电缆有无破损、发热,电缆孔封堵是否完好	电缆有无破损、发热,电缆孔封堵完好	
2	故障录波器	有无死机现象	无死机现象	
		键盘鼠标操作是否灵敏	键盘鼠标操作灵敏	
		GPS时钟显示是否正确	GPS时钟显示正确	
		故障录波器前置机通信指示灯显示是否正常	故障录波器前置机通信指示灯显示正常	
		有无故障报警	无故障报警	
		故障录波器屏内打印机色带及纸张是否充足	故障录波器屏内打印机色带及纸张充足	
3	逆变器	逆变器有无损坏或变形	逆变器无损坏或变形	
		运行是否有异常声音	运行无异常声音	
		外壳发热是否在正常范围内	外壳发热在正常范围内	
		液晶屏检查:内部通信是否正常;逆变器和PC机通信是否正常;输出功率和工作状态是否正常;直流电压、电流是否正常;发电量 曲线图是否正常;三相线电压电流显示是否正常	内部通信正常;逆变器和PC机通信正常;输出功率和工作状态正常;直流电压、电流正常;发电量曲线图正常;三相线电压电流显示正常	
4	主变压器	有载分接开关机构箱外观是否完好,位置指示是否正确	有载分接开关机构箱外观完好,位置指示正确	
		引线与套管导电杆连接是否紧固,接头外观是否完好,有无放电现象	引线与套管导电杆连接紧固,接头外观完好,无放电现象	
		蝶阀是否均在打开位置	蝶阀均在打开位置	
5	箱变	箱变是否运行正常	正常运行的变压器,发出的是均匀的"嗡嗡"声	
		箱变本体、法兰、管路有无渗漏	箱变本体、法兰、管路无渗漏	
		油位计、油位表是否完好,油位是否正常	油位计、油位表完好,油位在厂家规定范围内	
		瓦斯继电器外观是否完好,本体、法兰有无渗漏	瓦斯继电器外观完好,本体、法兰无渗漏	

（续表）

序号	巡视设备	巡检内容	巡检标准	备注
5	箱变	压力释放器外观是否完好，本体、法兰有无渗漏	压力释放器外观完好，本体、法兰无渗漏	
		吸湿器玻璃筒是否完好，硅胶有无变色	吸湿器玻璃筒完好，硅胶无变色	
		母线及电缆接头有无过热、变色现象	母线及电缆接头无过热、变色现象	
6	户外断路器	空压机或油泵有无渗漏现象	空压机或油泵无渗漏现象	

3. 完成月巡检项目，并填写月巡检项目表。

表 3-3-4　月巡检项目表

序号	巡视设备	巡检内容	巡检标准	备注
1	站用变压器	变压器上方有无漏水，外壳有无变形，声音有无异常	变压器上方无漏水，外壳无变形，声音无异常	
		手动开启风扇，检查风扇运行是否良好，声音是否正常	风扇运行良好，声音正常	
2	直埋电缆	直埋电缆路面是否正常，有无挖掘现象	路面正常，无挖掘现象	
		线路标桩是否完整无缺	线路标桩完整无缺	
3	组件	光伏组件是否存在玻璃破碎、背板灼焦、明显的颜色变化现象	光伏组件不存在玻璃破碎、背板灼焦、明显的颜色变化现象	
		光伏组件是否存在与组件边缘或任何电路之间形成连通通道的气泡	光伏组件部件不存在与组件边缘或任何电路之间形成连通通道的气泡	
		光伏组件是否存在接线盒变形、扭曲、开裂或烧毁，接线端子是否良好连接	光伏组件不存在接线盒变形、扭曲、开裂或烧毁，接线端子良好连接	
		光伏组件表面有无鸟粪、灰尘	光伏组件表面的鸟粪及时铲掉，无明显的灰尘	
		园区内有无杂草、泥沙遮挡组件	电站配备镰刀、铁锹，巡检发现类似问题及时处理	
4	支架	支架的所有螺栓、焊缝和支架连接是否牢固可靠，表面的防腐涂层是否出现开裂和脱落现象	支架的所有螺栓、焊缝和支架连接牢固可靠，表面的防腐涂层无开裂和脱落现象	
5	汇流箱	直流汇流箱是否存在变形、锈蚀、漏水、积灰现象	直流汇流箱不存在变形、锈蚀、漏水、积灰现象	
		箱体外表面的安全警示标志是否完整无破损	箱体外表面的安全警示标志完整无破损	

(续表)

序号	巡视设备	巡检内容	巡检标准	备注
5	汇流箱	直流汇流箱内各个接线端子是否出现松动、锈蚀现象	直流汇流箱内各个接线端子无松动、锈蚀现象	
		直流汇流箱内的高压直流熔丝是否熔断	直流汇流箱内的高压直流熔丝完好、无熔断	
6	围栏	电站光伏矩阵围栏是否倒塌、破损	电站光伏矩阵围栏无倒塌、破损	

三、任务评价

根据表 3-3-5 对学生完成本次工作实训任务的表现进行评价。

表 3-3-5　实训评价表

任务	评价标准	配分	得分
日巡检项目	(1) 日巡检项目操作不全面、不规范:扣 1~25 分 (2) 日巡检项目表填写不规范:扣 1~5 分	30 分	
周巡检项目	(1) 周巡检项目操作不全面、不规范:扣 1~25 分 (2) 周巡检项目表填写不规范:扣 1~5 分	30 分	
月巡检项目	(1) 月巡检项目操作不全面、不规范:扣 1~25 分 (2) 月巡检项目表填写不规范:扣 1~5 分	30 分	
安全文明生产	根据现场学习安全文明生产表现如实打分	10 分	
合计		100 分	

学生自评:

　　　　　　　　　　　　学生签字:　　　　　　年　　月　　日

教师评价:

　　　　　　　　　　　　教师签字:　　　　　　年　　月　　日

任务思考

光伏电站巡检有哪些注意事项?

项目四

光伏电站设备故障的检测与处理

 项目目标

素质目标

1. 培养学生的沟通能力及团队协作精神；
2. 培养学生分析问题、解决问题的能力；
3. 培养学生勇于创新、敬业乐业的工作作风；
4. 培养学生的质量意识、安全意识。

知识目标

1. 掌握光伏电站直流侧常见故障及故障检测、排除方法；
2. 掌握光伏电站逆变器常见故障及故障检测、排除方法；
3. 掌握光伏电站交流侧常见故障及故障检测、排除方法；
4. 掌握光伏电站防雷与接地故障检测、排除方法。

能力目标

1. 能对光伏电站直流侧常见故障进行检测、排除；
2. 能对光伏电站逆变器常见故障进行检测、排除；
3. 能对光伏电站交流侧常见故障进行检测、排除；
4. 能对光伏电站防雷与接地故障进行检测、排除。

项目导图

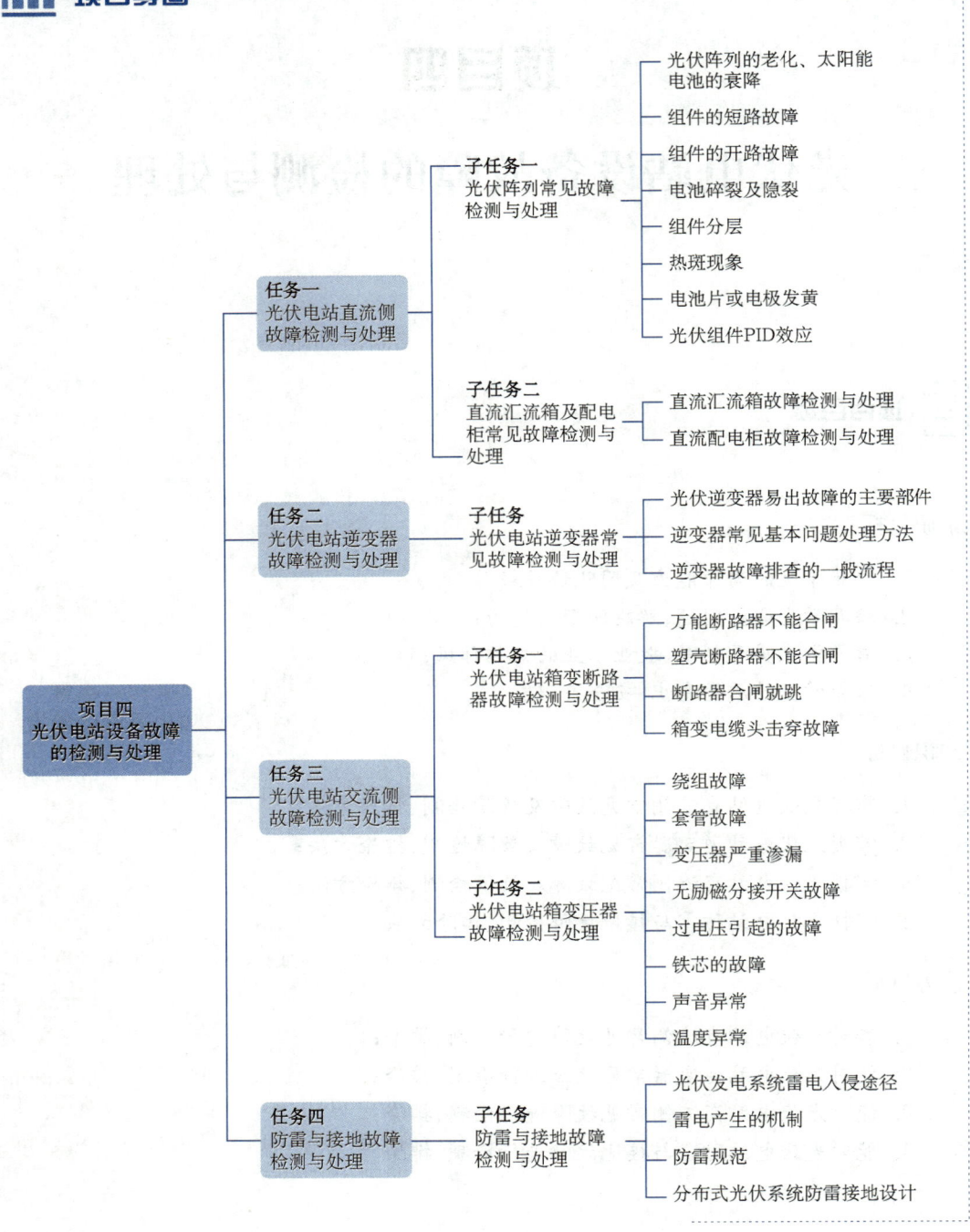

任务一
光伏电站直流侧故障检测与处理

子任务一　光伏阵列常见故障检测与处理

◇ **任务背景**

大型光伏电站由光伏阵列、防雷接线箱、直流汇流箱及配电柜、交流配电柜、光伏并网逆变器、配电保护系统、电力变压器和系统的通信监控装置组成。以上设备在运行过程中会出现一些常见故障,本任务主要讨论光伏电站直流侧故障检测与处理,主要包括光伏阵列、防雷接线箱的故障检测与处理。

◇ **任务分析**

光伏电站直流侧方阵组串,由于其组串数量较多,故障不容易被发现,且发生故障频次较高,对发电量影响较大。图4-1-1所示为光伏电站上各设备发生故障频次和比例的统计曲线,由图可见,组件、汇流箱和逆变器出现的总故障频次占总故障比例的90%左右。在电站运行期间,这些常见故障可能会重复发生,我们需要做的就是定期对故障进行分析和分类整理,发生故障后第一时间处理,对故障频发区域加强巡检,尽量将故障损失降到最低。

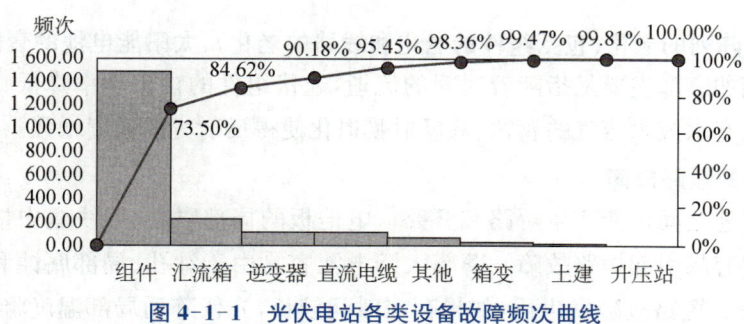

图4-1-1　光伏电站各类设备故障频次曲线

学习光伏阵列常见故障检测与处理,首先应熟知光伏电站直流侧常见故障及其产生的原因,再对故障进行检测与处理。在本任务中,同学们将学会利用直接检测法和热成像检测法对光伏阵列常见的故障进行检测。

任务资讯

光伏电池是光伏电站系统的核心组件,大量的光伏电池相互组合形成光伏阵列。光伏阵列的常见故障见表 4-1-1。

表 4-1-1 光伏组件常见故障及检测方法

光伏组件常见故障	故障描述	主要检测方法
组件内部故障	太阳电池的衰降老化	外观直接检测法 热成像检测法 时域反射法(TDR) 电特性检测法
	光伏电池短路	
	光伏电池开路	
	组件玻璃破碎	
	接线盒脱落	
	组件分层	
	热斑失效	
	电池片或电极发黄	
	电池栅线断裂	
	铝边框开裂	
组件之间故障	组件短路及组件开路	
	接地故障	

一、光伏阵列的老化(包括组件的老化和线路的老化)、太阳能电池的衰降

组件性能的衰降主要是指随着时间的流逝,光伏组件的输出功率降低。引起组件性能衰降的原因有水或水蒸气的腐蚀、减反射膜退化使得反射光的强度增强。

二、组件的短路故障

在电池互连之间可能产生短路和开路。电池板的局部腐蚀、接线盒中接触点虚焊或是连接线错误容易引起短路故障。薄膜太阳电池容易由于针孔、局部腐蚀和电池材料的损坏产生短路。短路故障发生后,如果存在时间较长,光伏阵列局部温度将会上升,严重情况下会烧毁光伏组件(图 4-1-2)。

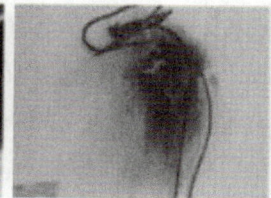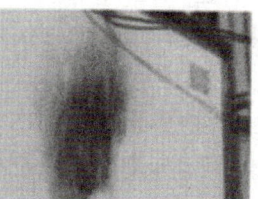

图 4-1-2　光伏组件短路故障

三、组件的开路故障

光伏阵列的开路故障主要是光伏电池板间连接线路的断开,或连接线间触头的老化导致线路的断开。

四、电池碎裂及隐裂

电池碎裂的原因包括：热应力、冰雹以及人为损伤。在制造、运输过程中,剧烈的震动可能造成电池片的隐裂,光伏组件电池片隐裂后,其输出电压无明显变化,但输出电流会明显降低,光伏组件转换效率下降。隐裂需要通过 EL 成像手段进行识别和分析。另外,在使用过程中,光伏组件由于水和空气的腐蚀,裂痕将逐渐增大、电池片将逐步碎裂,加剧电池老化(图 4-1-3)。

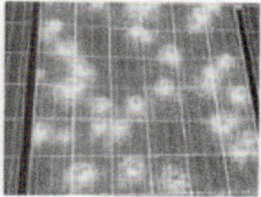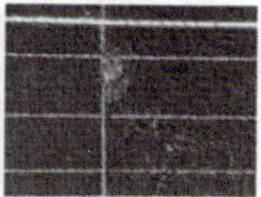

图 4-1-3　光伏组件电池碎裂

五、组件分层

组件分层通常是键合强度下降、湿气的进入、光热老化、温湿度膨胀的差产生的应力引起的(图 4-1-4)。

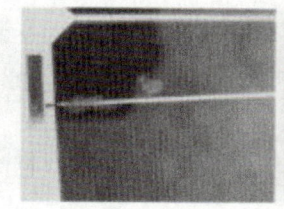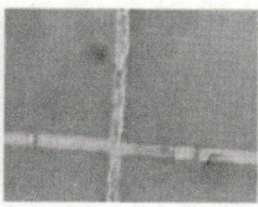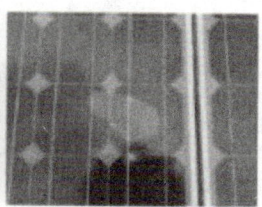

图 4-1-4　光伏组件分层

六、热斑现象

光伏电站运行的全生命周期内,无法避免大颗粒灰尘、鸟粪、树叶等造成的组件遮挡,遮挡造成的局部阴影内,光伏电池的输出电流小于正常工作的输出电流,根据基尔霍夫定律(Kirchhoff laws),被遮挡的光伏电池板会成为串联支路的负载,组件局部温度升高,产生热斑效应(图4-1-5)。热斑在影响光伏系统的发电效率的同时,甚至会对光伏组件造成永久性的伤害,为电站带来火灾隐患。据统计,严重的热斑效应会使太阳电池组件的实际使用寿命至少缩短30%。

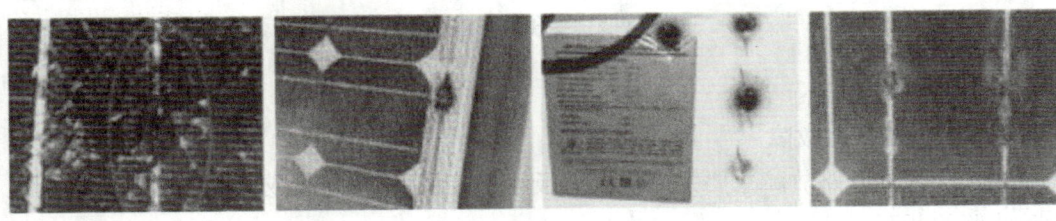

图4-1-5 光伏组件热斑现象

七、电池片或电极发黄

电池背板有时会变成黄色或棕色,这是劣质材料和阳光之间的化学反应,更多时候出现在使用久了的光伏组件里。劣质或廉价的材料质量是该问题的根源。一旦电池背板开始变色,EVA就会从原来的状态不断变化,不可避免地导致材料的损害(图4-1-6)。

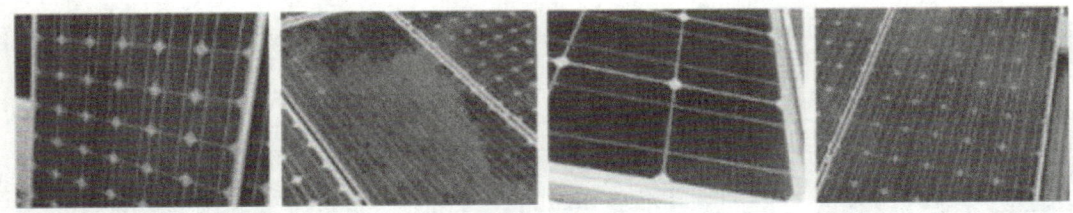

图4-1-6 光伏组件电池片发黄变色

八、光伏组件PID效应

PID的英文全称是Potential Induced Degradation,即电势诱导衰减,是指光伏组件在盖板玻璃、封装材料、边框之间漏电,大量电荷聚集在电池片表面,使得电池片填充因子减少、短路电流减小、开路电压降低,使组件性能低于设计标准。

光伏组件PID效应形成的原因主要有2类:

(1) 原PN结电场情况改变,或存在其他的电流通道,造成实际流过PN结的光生电流减小;

(2) 器件受到离子迁移的影响,材料性能发生了不可恢复的变化,和原始制造出的组件相比,输出功率变小。

防范PID衰减,可以对光伏组件材料和制作工艺进行升级,提高EVA的可靠性,使光伏组件负极接地或给光伏组件施加正向偏压。

 任务实施

一、实训材料与工具

红外热成像仪 10 台,屋顶分布式光伏并网发电站光伏组件。

二、实训步骤

1. 使用直接检测法观测屋顶光伏组件故障

检测内容:光伏组件表面有无气泡、划痕、污物、是否发黄、接线盒脱落、铝边框开裂,以及是否有明显的阴影或颜色不均等现象。

2. 使用热成像检测法观测屋顶光伏组件故障

(1) 检测条件

应在晴朗、干燥且伴有强烈太阳辐射的天气条件下进行测试。如果在测量期间,太阳辐射发生变化,例如乌云过多,则暂停测量。

为了获得易于检测到的温度梯度,应在室外温度较低的时候(如早晨或者傍晚)开展测量工作。

(2) 对准角度

在热成像测量期间,热像仪与光伏组件之间的对准角度非常关键。辐射的能量取决于方向,即在红外温度测量期间,热像仪与组件表面的对准角度应为 60°~90°。光伏组件应对齐,尽可能与太阳辐射的方向垂直。

角度相关的测量错误可能会导致温差和伪反射等问题。反射辐射也能被热像仪检测到。应确保测量图像不受反光的影响(如热像仪本身、测量人员、太阳或者附近建筑物的反射)。可以通过视角的变化来确定是否存在并避免反射问题。

如果光伏电池板支架下的空间允许,还可以从背面拍摄热图像,这可以排除几乎所有反射因素,而且可达到更高的水平。传热足以评估背面的温度分布,这意味着可以避免不正确的测量和错误的读图。

(3) 读图和评估

在评估热图像时,如果热图像上存在显著温差,这未必意味着受影响的组件存在故障。例如,可疑的热图像可能指示的是灰尘造成的局部遮蔽。同时,单个损坏的单元未必会导致整个电池板性能降低,只有面板的整个子部分发生故障才会导致重大的性能降低。因此,有必要结合外观检查、特征曲线测量或者电致发光测量等额外检查,确定故障的疑似起因。

调整热像仪的温标范围对故障的识别十分重要。在自动模式下,热像仪会自动检测最热点和最冷点,并调节整个范围中的色彩对比度。因此,使用热像仪进行多次大面积的检测,有助于正确调整热图像的对比度。

三、实训评价

根据表 4-1-2 对学生完成本次工作实训任务的表现进行评价。

表 4-1-2 实训评价表

任务	评价标准	配分	得分
直接检测光伏组件表面有无气泡、划痕、污物,是否存在发黄、接线盒脱落、铝边框开裂、阴影或颜色不均等现象	(1) 不能直接观测光伏组件表面气泡、划痕、污物、发黄:扣 1~10 分 (2) 不能检测接线盒脱落、铝边框开裂、阴影或颜色不均等现象:扣 1~10 分	20 分	
使用热成像仪对光伏组件进行故障检测	(1) 不能正确设置热成像仪的相关参数:扣 1~20 分 (2) 不能采用正确的检测角度进行检测:扣 1~20 分 (3) 不能根据热成像仪检测图像识别故障点:扣 1~20 分 (4) 不能根据热成像仪检测结果进行故障分析并提出解决方案:扣 1~20 分	80 分	
合计		100 分	
学生自评: 学生签字:　　　　　　　　年　　月　　日			
教师评价: 教师签字:　　　　　　　　年　　月　　日			

📖 任务思考

除使用直接检测法和热成像检测法对光伏组件常见故障进行检测,还有哪些检测方法?

子任务二　直流汇流箱及配电柜常见故障检测与处理

📖 任务背景

光伏汇流箱是保证光伏组件有序连接、实现汇流功能的接线装置。用户可以将一定数量规格相同的光伏电池串联起来,组成一个个光伏串列,然后再将若干个光伏串列并联接入光伏汇流箱,与控制器、直流配电柜、光伏逆变器、交流配电柜配套使用构成完整的光伏发电系统,实现与市电并网。光伏直流配电柜可提供防雷,过流保护,监测光伏阵列的单串电流、电压及防雷器、断路器状态等功能。

📖 任务分析

光伏汇流箱常见故障主要包括汇流箱本体故障及汇流箱电气故障;直流配电柜常见故障主要包括配电柜内电器选择不当引起的故障、环境温度对低压电器影响引起的故障和产品质量引起的故障。通过本任务的学习,同学们将学会对汇流箱本体故障、汇流箱电气故障、直流配电柜故障进行检测和处理。

📖 任务资讯

直流汇流箱及配电柜是光伏发电系统的重要组成部分,其主要作用是按照一定的串、并联方式将光伏阵列连接到一起,以便对光伏阵列实施监控。

一、直流汇流箱故障检测与处理

1. 汇流箱本体故障

汇流箱本体故障一般为断路器误跳闸,显示面板无数据。当断路器跳闸时,须用钳形数字万用表对断路器正负极开路电压进行测量,若数据正常,可再次送电;若不正常,可将汇流箱支路保险全部分开,逐个测试开路电压,查明故障支路。当显示面板无数据时,须查看面板上端电源进线是否紧固牢靠,并用钳形数字万用表测量进线电源是否带电。

2. 汇流箱电气故障

光伏直流汇流箱是一级汇流箱设备,由于外部原因导致元器件损坏或运行参数异常,其常见故障如下。

(1) 部分支路电压为零。

故障现象:监控平台显示部分支路电压为零;钳形数字万用表测试部分支路电压为零。

可能原因：组件掉落，造成组串断线；汇流箱内支路正负极保险丝接触不良或者损坏；汇流箱内支路接线烧毁、未接；支路 MC4 接插件烧毁、脱扣；接线盒接线断开或烧毁；汇流箱电流采集模块损坏。

解决办法：重新连接组件；更换保险丝；重新连接或维修支路接线；脱扣重新连接，烧毁更换 MC 接插件；更换接线盒；更换电流采集模块。

（2）汇流箱所有支路电压为零。

故障现象：监控平台显示所有支路电压为零；钳形数字万用表测试所有支路电压为零。

可能原因：汇流箱断路器跳闸，造成系统未运行；交流并网箱断路器跳闸，造成系统未运行；通信模块无电源输入或 RS485 接线接反。

解决办法：若汇流箱断路器跳闸，检查无故障后重新合闸；若并网配线箱跳闸，检查无故障后重新合闸；检查通信模块供电回路或检查 RS485 接线。

（3）支路电流偏低。

故障现象：监控平台显示某个支路电流偏低；钳形数字万用表测试某个支路电流偏低。

可能原因：组串被遮挡；组件碎裂；组件热斑。

解决办法：清理遮挡物或更换组件。

（4）支路电压偏低。

故障现象：监控平台显示某个支路电压偏低；钳形数字万用表测试某个支路电压偏低。

可能原因：支路组串数量偏少；支路组串组件损坏（破碎、二极管击穿等）；采集模块损坏。

解决办法：调整组串数量；更换组件或采集模块。

注意事项：检测汇流箱内部设备前，必须断开与之相应的开关、支路熔断器。

二、直流配电柜故障检测与处理

直流配电柜的主要作用是对直流电能进行分配、监控、保护（一般指分配直流负荷的柜），直流配电柜可以将总输入直流分为多路，每路都有保护装置（熔丝、空开）、防雷等，而且可以对每路电压电流进行监控，可以远程通信。

1. 直流配电柜的运行与维护应符合的规定

（1）直流配电柜不得存在变形、锈蚀、漏水、积灰现象，箱体外表面的安全警示标志应完整无破损，箱体上的防水锁开启应灵活。

（2）直流配电柜内各个接线端子不应出现松动、锈蚀现象。

（3）直流输出母线的正极对地、负极对地的绝缘电阻应大于 $2 M\Omega$。

（4）直流配电柜的直流输入接口与汇流箱的连接应稳定可靠。

（5）直流配电柜的直流输出与并网主机直流输入处的连接应稳定可靠。

（6）直流配电柜内的直流断路器动作应灵活，性能应稳定可靠。

(7) 直流母线输出侧配置的防雷器应有效。

2. 直流配电柜的常见故障分析

(1) 配电柜内电器选择不当引起的故障。

由于在制造时对防反二极管、断路器的电器电流容量选择不当,选择电器电流等级时未能在正常选择型号基础上提高一个电流等级,而导致夏季高温季节运行时出现配电柜内电器烧坏的情况。

(2) 环境温度对低压电器影响引起的故障。

配电柜中的低压电器(如熔断器、断路器、剩余电流动作保护器、电容器及计量表等)的正常工作条件有相应规定:周围空气温度不超过 40 ℃;周围空气温度 24 h 内的平均值不超过 35 ℃;周围空气温度不低于 −5 ℃或 −25 ℃。在盛夏高温季节,箱体内的温度将会达到 60 ℃以上,这时的温度大大超过了这些电器规定的环境温度,因而会发生因配电箱内电器元件过热而引起的故障。

(3) 产品质量引起的故障。

产品质量不严格导致一些产品投入运行后不久就发生故障。如有些型号的断路器、光伏防雷专用器在配电柜投运后不久就无法运行。

任务实施

一、实训材料与工具

钳形数字万用表 10 台,屋顶分布式光伏并网发电站直流汇流箱。

二、实训步骤

直流汇流箱故障检测与处理步骤:

(1) 查看汇流箱实时运行情况,查看显示运行状态是否正常。

(2) 查看各路电压电流情况是否正常,确定汇流箱通信是否正常,若各路电压电流异常,可能是组件异常导致。

(3) 使用钳形数字万用表直流电压挡测量组串开路电压。

(4) 使用钳形数字万用表蜂鸣挡分别测量组串回路正负极电缆是否导通。

(5) 使用钳形数字万用表蜂鸣挡测量组串回路正负极熔断器下端,测量正负极电缆间是否导通短路。

(6) 根据测量结果判断通信线、各组串回路故障原因,排除故障。

三、实训评价

根据表 4-1-3 对学生完成本次工作实训任务的表现进行评价。

表 4-1-3　实训评价表

任务	评价标准	配分	得分
查看汇流箱实时运行情况,查看显示运行状态是否正常	不能查看并判断汇流箱运行状态:扣 1~20 分	20 分	
使用万用表测量相关参数	(1) 不能正确使用万用表直流电压挡测量组串开路电压:扣 1~20 分 (2) 不能正确使用万用表蜂鸣挡分别测量组串回路正负极电缆:扣 1~20 分 (3) 不能正确使用万用表蜂鸣挡测量组串回路正负极熔断器下端:扣 1~20 分 (4) 能根据测量结果判断通信线、各组串回路故障原因并排除故障:扣 1~20 分	80 分	
合计		100 分	

学生自评:

　　　　　　　　　　　　　　　学生签字:　　　　　　年　　月　　日

教师评价:

　　　　　　　　　　　　　　　教师签字:　　　　　　年　　月　　日

📚 任务思考

光伏电站直流侧故障一般按照怎样的步骤进行排查?

任务二
光伏电站逆变器故障检测与处理

子任务 光伏电站逆变器常见故障检测与处理

任务背景

逆变器作为整个电站的检测中心,上对直流组件,下对并网设备,基本所有的电站参数都可以通过逆变器检测出来。一般逆变器只要在并网状态,监控显示的功率曲线为正常的山形,证明该电站运行稳定;如果出现异常,则可以通过逆变器反馈的信息检查电站配套设备状况。光伏逆变器除了把直流电变成交流电外,还要承担检测组件和电网状况、系统绝缘、对外通信等任务,计算量大,容易出错。

任务分析

逆变器的故障分为一般性故障和严重性故障。提升系统发电量是光伏电站运维最主要的目标,有些小故障影响不大,系统还可运行。一旦出现故障停机,会影响系统的发电量,可以选择在晚上或者阴天停机维修,这样对发电的影响比较小。有些故障涉及人身和设备的安全或者安全规范,逆变器必须马上停机。通过本任务的学习,同学们将学会通信异常故障、电网异常故障、漏电流异常故障、绝缘阻抗异常故障、PV 电压异常故障、逆变器输出功率偏低故障的检测及处理。

任务资讯

逆变器是一种把直流电转换为交流电的变换装置。在光伏发电系统中,光伏电池板将太阳辐射的光能转换为直流电,然而使用直流供电的系统有很大的局限性,因此,光伏发电系统都需要配置逆变器进行转换。逆变器还具有自动稳频稳压的功能,首先通过滤波稳定电流,再通过整流降低电流频率,保障发电系统提供高质量的用电。逆变器分为离网型逆变器和并网型逆变器。

一、光伏逆变器易出故障的主要部件

光伏逆变器由电路板、熔断器、功率开关管、电感、继电器、电容、显示屏、风扇、散热器、结构件等部件组成。每个部件的寿命不一样,逆变器的使用寿命可以用"木桶理论"来

解释,木桶的最大容量是由最短的木板决定的,因此逆变器的使用寿命由寿命最短的部件决定。逆变器最容易出故障的是功率开关管、电容、显示屏、风扇4个部件。

1. 功率开关管

功率开关管是把直流电转换为交流电的主要器件,是逆变器的心脏。

目前逆变器使用的功率开关管有IGBT、MOSFET(功率MOS场效应晶体管)等。功率开关管是逆变器最脆弱的一个部件,它有三怕:一怕过压,一个耐压600 V的管子,如果两端电压超过600 V,不到0.1 s就会炸掉;二怕过流,一个额定电流为50 A的管子,如果通过的电流大于50 A,不到0.2 s就会炸掉;三怕过温,IGBT节温不超过150 ℃或者175 ℃,一般都把它控制在120 ℃以下。因此散热设计是逆变器最关键的技术之一。

功率器件损坏,就意味着逆变器需要整机更换。但也不必过分担心,因为在设计逆变器时,这些因素都已被考虑到,正常情况下使用20年没有问题。在安装逆变器时,要考虑给逆变器留有散热通道。另外,如电网有过高的谐波和过于频繁的电压突变,也会造成功率器件过压损坏。

2. 电解电容

电容是能量存储的部件,也是逆变器必不可少的元器件之一。

电容有电解电容、薄膜电容等,不同的电容各有特点,都是逆变器所需。影响电解电容寿命的原因有很多,如过电压、谐波电流、高温、急速充放电等,正常使用情况下,最大的影响因素是温度,因为温度越高,电解液的挥发损耗越快。需要注意的是,这里的温度不是指环境或元器件表面温度,而是指铝箔工作温度。

厂商通常会将电容寿命和测试温度标注在电容本体。日本NCC电容是世界上最好的电容之一,它在规格书上标注的最长寿命是15年。

3. 液晶显示屏

逆变器的液晶显示屏可以显示光伏电站瞬时功率、发电量、输入电压等各种指标。如能显示故障原因,将是个很好用的部件。

多数逆变器都有显示器,但也有没有的。除了上述优点外,液晶显示器有一个致命缺陷——使用寿命短。质量一般的液晶显示器工作3万~4万h,就会严重衰减不能使用。按照逆变器工作时间6:00—20:00计算,液晶显示器每天工作14 h,一年约为5 000 h,假设液晶显示器寿命为4万h,那么它的使用寿命为8年。

现在户用逆变器一般保留显示器,电站用的中大功率组串逆变器,无液晶显示屏是趋势。

4. 风扇

组串式逆变器散热方式主要有强制风冷和自然冷却2种。

强制风冷就要用到风扇。组串式逆变器散热能力对比实验证明,中大功率组串式逆变器强制风冷的散热效果要优于自然冷却散热方式。采用强制风冷可使逆变器内部电容、IGBT等关键部件温升降低20 ℃左右,可确保逆变器长寿命高效工作;而采用自然冷却方式的逆变器温升高,元器件寿命会缩短。优质风扇的寿命为4万h左右,智能散热的逆变器的风扇,一般是逆变器功率到30%以上才开始工作,平均每天工作时间约4~5 h,每年约1 800 h,使用20年没有问题。

风扇最常见的故障是风机电源损坏,或者有异物进入风扇内部,阻碍了风机转动。

二、逆变器常见基本问题处理方法

1. 母线电压低

如果出现在早、晚时段,则为正常现象,因为逆变器在尝试极限发电条件。如果出现在正常白天,则为异常,检测方法依然为排除法。

2. 绝缘阻抗低

使用排除法。把逆变器输入侧的组串全部拔下,然后逐一接上,利用逆变器开机检测绝缘阻抗的功能、检测问题组串。找到问题组串后,重点检查直流接头是否有水浸短接支架或者烧熔短接支架。另外,还可以检查组件本身是否在边缘地方有黑斑烧毁导致组件通过边框漏电到地网。

3. 漏电流故障

这类问题的根本原因是安装质量问题,选择错误的安装地点与低质量的设备都会引起漏电流。故障点有很多:低质量的直流接头,低质量的组件,组件安装高度不合格,并网设备质量低或进水漏电。一旦出现类似问题,可以找出故障点并做好绝缘工作解决问题;如果是材料本身问题,则只能更换材料。

4. 直流过压保护

随着组件工艺改进,功率等级不断更新提高,同时组件开路电压与工作电压也在上升。设计阶段必须考虑温度系数问题,避免低温情况出现过压导致设备硬损坏。

5. 逆变器开机无响应

确保直流输入线路没有接反,仔细阅读逆变器说明书,确保正负极后再压接是很重要的。逆变器内置反接短路保护,在恢复正常接线后正常启动。

6. 电网故障

电网过压:前期勘察电网重载(用电量大工作时间)、轻载(用电量少休息时间)的工作就在这里体现出来,提前勘察并网点电压的情况,与逆变器厂商沟通电网情况做技术结合能保证项目设计在合理范围内。切勿"想当然",特别是农村电网,逆变器对并网电压、开网波形、并网距离都是有严格要求的。出现电网过压问题,多数原因是原电网轻载电压超过或接近安规保护值,如果并网线路过长或压接不好导致线路阻抗(感抗)过大,电站是无法正常稳定运行的。解决办法是找供电局协调电压或者正确选择并网,并严抓电站建设质量。

电网欠压:该问题与电网过压的处理方法一致,但是如果出现独立的一相电压过低,除了原电网负载分配不均衡之外,该相电网掉电或断路也会导致该问题,出现虚电压。

电网过(欠)频:如果正常电网出现这类问题,证明电网健康堪忧。

电网无电压:检查并网线路即可。

电网缺相:检查缺相电路,即无电压线路。

7. 监控搭接

正确阅读各设备说明书、机型、线路压接、设备连接,并设置好设备的通信地址、时间,这是通信稳定有效的保证。

三、逆变器故障排查的一般流程

逆变器故障排查的一般流程如图 4-2-1 所示。

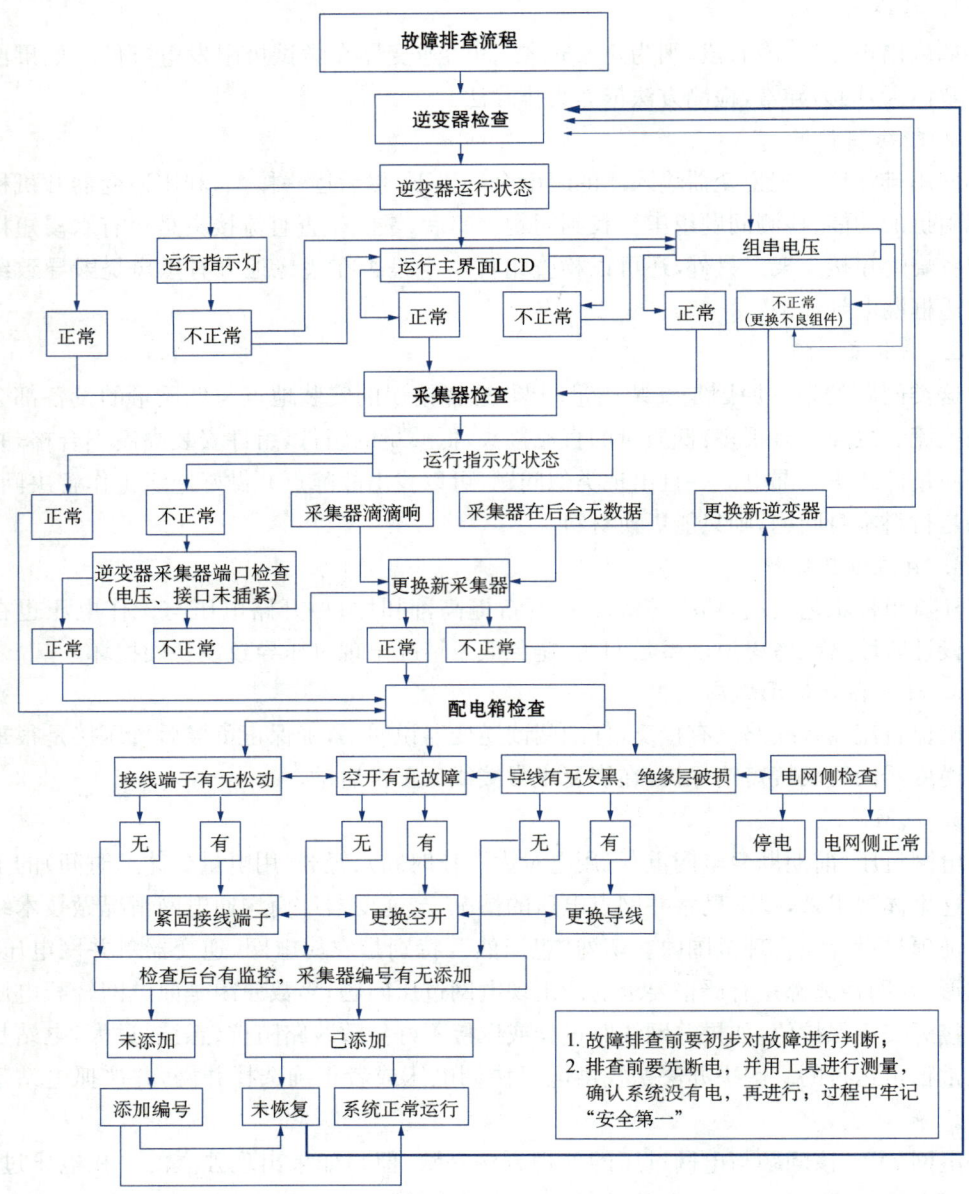

图 4-2-1　逆变器故障排查的一般流程

任务实施

一、实训材料与工具

钳形数字万用表 10 台，屋顶分布式光伏并网发电站逆变器及监控系统。

二、实训步骤

1. 通信异常故障检测及处理

故障现象:无逆变器实时数据。

可能原因:逆变器通信线断开。

解决办法:打开运维监控软件,查看逆变器运行数据,显示无逆变器实时数据,则可能是逆变器通信线断开。将通信线重新接好并查看逆变器运行数据是否正常。

2. 电网异常故障检测及处理

故障现象:逆变器停机,并亮红灯;显示屏显示电网电压过高/过低,电网频率过高/过低,电网缺失。

可能原因:农村或偏远地区等电网末端,电网很弱且不稳定;本地消纳不足或线路阻抗过大,导致电压抬升;停电或并网配电箱开关跳闸。

解决办法:尽量使逆变器靠近并网点;加粗输出电缆,或将铝线更换为铜线,以降低线路阻抗;确认并网配电箱开关及漏保开关是否合上。

3. 漏电流异常故障检测及处理

故障现象:逆变器停机,并亮红灯;显示屏显示漏电流异常,并显示相应故障代码。

可能原因:交、直流线缆绝缘破损;汇流箱、并网配电箱绝缘破损。

解决办法:检查交、直流线缆及组件外观有无破损。

4. 绝缘阻抗异常故障检测及处理

故障现象:逆变器停机,并亮红灯;显示屏显示绝缘阻抗异常,并显示相应故障代码。

可能原因:接线盒、直流电缆、接线端子等存在对地短路或绝缘层破损;直流接线端子接线外壳松动,导致进水。

解决办法:拔下逆变器所有输入组串,并逐个接入单独组串排查。

5. PV 电压异常故障检测及处理

故障现象:逆变器停机,并亮红灯;LCD 显示屏显示 PV 电压过高/过低,并显示相应故障代码。

可能原因:组件串联数量设计不合理;组串内线路可能存在短路、开路等现象。

解决办法:拔下逆变器输入组串,实测电压值;确认组件串联数是否合理;检查组串接线是否存在短路、开路等现象。

6. 逆变器输出功率偏低故障检测及处理

故障现象:逆变器正常运行,但输出功率明显偏低。

可能原因:组件设计不合理,存在倾角、朝向、遮挡、失配等问题;组件自身问题,存在损坏、功率续标等问题;直流线缆设计不合理,存在过长、偏细等问题;逆变器降额运行(过温、过压等)。

解决办法:监控后台或机器显示屏,查看各组串电流、电压,确保差异不超过 5%;检测每一块组件(厂家、型号、功率、类型是否相同);现场查看组件的安装角度,朝向是否一致,是否有灰尘或树木遮挡等,确认机器是否温度过高,导致输出功率偏低。

三、实训评价

根据表 4-2-1 对学生完成本次工作实训任务的表现进行评价。

表 4-2-1 实训评价表

任务	评价标准	配分	得分
通信异常故障检测及处理	不能完成通信异常故障检测及处理:扣 1~10 分	10 分	
电网异常故障检测及处理	不能完成电网异常故障检测及处理:扣 1~10 分	10 分	
漏电流异常故障检测及处理	不能完成漏电流异常故障检测及处理:扣 1~20 分	20 分	
绝缘阻抗异常故障检测及处理	不能完成绝缘阻抗异常故障检测及处理:扣 1~20 分	20 分	
PV 电压异常故障检测及处理	不能完成 PV 电压异常故障检测及处理:扣 1~20 分	20 分	
逆变器输出功率偏低故障检测及处理	不能完成逆变器输出功率偏低故障检测及处理:扣 1~20 分	20 分	
合计		100 分	
学生自评:			
	学生签字:	年 月	日
教师评价:			
	教师签字:	年 月	日

任务思考

光伏逆变器应具备哪些方面的保护功能?

任务三
光伏电站交流侧故障检测与处理

子任务一　光伏电站箱变断路器故障检测与处理

◆ 任务背景

逆变器输出侧的设备称为光伏电站(或光伏发电系统)交流侧设备。对于光伏并网电站来说，用户侧并网由交流配电柜、电力电缆组成，配电侧并网由交流配电柜、升压变压器、电力电缆组成。

◆ 任务分析

光伏电站交流侧核心设备主要为交流配电柜、升压变压器，因此交流侧故障检测与处理应主要围绕这些设备来进行。通过本任务的学习，同学们将学会并网专用断路器跳闸故障、防雷器失效的检测与处理。

◆ 任务资讯

箱式变电站，又称预装式变电所或预装式变电站，是一种高压开关设备、配电变压器和低压配电装置，按一定接线方案排成一体的工厂预制户内、户外紧凑式配电设备，即将变压器降压、低压配电等功能有机地组合在一起，安装在一个防潮、防锈、防尘、防鼠、防火、防盗、隔热、全封闭、可移动的钢结构箱，特别适用于城网建设与改造，是继土建变电站之后崛起的一种崭新的变电站。

箱变常见故障原因及处理方法如下。

一、万能断路器不能合闸

1. 断路器不能合闸的可能原因

(1) 控制回路故障。

(2) 智能脱扣器动作后，面板上的红色按钮没有复位。

(3) 储能机构未储能。

2. 处理方法

(1) 用钳形数字万用表检查开路点。

(2) 查明脱扣原因，排除故障后按下复位按钮。

(3) 手动或电动储能。

二、塑壳断路器不能合闸

1. 断路器不能合闸的可能原因

(1) 机构脱扣后没有复位。

(2) 断路器带欠压线圈而进线端无电源。

2. 处理方法

(1) 查明脱扣原因并排除故障后复位。

(2) 使进线端带电，将手柄复位后，再合闸。

三、断路器合闸就跳

断路器合闸就跳可能是因为出线回路有短路现象。出现此故障时切不可反复多次合闸，必须查明故障，排除后再合闸。

四、箱变电缆头击穿故障

1. 箱变电缆头击穿故障的可能原因

(1) 箱变电缆头制作工艺容易存在应力管与屏蔽层接触长度太短。

(2) 热缩电缆附件的密封和绝缘性能较差及热缩工艺不到位。

(3) 电缆线芯周围的绝缘材料分布不均。

2. 处理方法

(1) 严格规范电缆头制作工艺。电缆头制作人员应经过专门培训，持证上岗，切忌犯经验主义错误。制作电缆头时严格按照厂家说明书的要求去做，一定要对屏蔽层断口处进行处理，防止主绝缘内存在杂质和气隙；作业时的空气相对湿度应在70%以下。根据《电气装置安装工程电缆线路施工及验收标准》(GB 50168—2018)要求：制作塑料绝缘电力电缆终端与接头时，应防止尘埃、杂物落入绝缘内，严禁在雾或雨中施工。如果避免不了在雾雨或高温等恶劣天气下施工，就必须在采取可靠的防潮、防尘和升温措施后进行。应力管与屏蔽层的接触长度控制在20～25 mm，过长会使电场分散不足，过短会使电力线传导不足。电缆收缩时应力管与屏蔽层脱离处产生集中电场应力导致绝缘被击穿。

(2) 使用材质好的冷缩电缆头。冷缩电缆头使用硅橡胶材料，应力锥、外绝缘保护管及伞裙为一体，优点是弹性好、抱紧力强、密封效果好，可避免环境温度和电缆运行中负载高低产生的巨大温差造成电缆附件与电缆本体间出现缝隙。

(3) 使用材质好的电缆。改进电缆生产工艺，采用先进的生产工艺和检测设备，避免出现绝缘偏心、绝缘屏蔽厚度不均匀现象；减少和控制制造过程中产生的杂质等可能引发"树枝"现象的因素。加大电缆质量检测力度，电缆检测项目主要包括结构尺寸检查、绝缘热延伸试验、导体直流电阻检测。检测不合格的电缆坚决不能用于现场施工。

（4）加强电缆运行维护。电缆头在运行过程中会消耗电能而产生热量，加之通风措施不够，达不到理想状态的散热条件，造成电缆头温度过高，绝缘降低后被击穿。应使用红外测温仪定期测量电缆头的温度并做记录，加强对温度较高电缆的监控。

任务实施

一、实训材料与工具

钳形数字万用表 10 台，屋顶分布式光伏并网发电站并网配电箱。

二、实训步骤

1. 并网专用断路器跳闸故障检测及处理

故障现象：并网专用断路器跳闸。

可能原因：电网异常（过压、欠压）、电网停电。

解决办法：检查电网电压，待电网电压恢复正常。

2. 防雷器失效检测及处理

故障现象：目测设备交流防雷指示灯，若显示红色说明防雷器失效。

可能原因：雷击。

解决办法：更换防雷器。

注意事项：检测并网配电箱内部设备前，必须断开与之相应的开关。

3. 并网专用断路器故障排除步骤

（1）打开运维监控软件，查看逆变器交流侧和直流侧实时运行数据，显示逆变器无数据则说明逆变器通信异常，按逆变器故障排除步骤排除并恢复。

（2）逆变器通信故障恢复后，查看逆变器交流侧和直流侧实时运行数据，若直流侧有电压，交流侧无电压，则可能是电网电压异常导致并网专用断路器跳闸，从而造成逆变器停止发电。

（3）查看逆变器 LCD 显示屏，显示"无市电"，则可能是并网专用断路器跳闸导致。

（4）打开并网配电箱，查看并网专用断路器状态，发现并网专用断路器处于断开状态，则可能是电网电压失压、电网电压过压、电网电压欠压导致跳闸。

（5）使用钳形数字万用表交流电压挡测量并网专用断路器上端电压，电压显示为 305 V，则说明是电网电压过压导致并网专用断路器跳闸，造成逆变器停止发电。

三、实训评价

根据表 4-3-1 对学生完成本次工作实训任务的表现进行评价。

表 4-3-1　实训评价表

任务	评价标准	配分	得分
并网专用断路器跳闸故障检测及处理	不能完成逆变器通信异常检测及处理：扣 1~20 分	20 分	
电网异常故障检测及处理	不能完成并网专用断路器异常状态检测：扣 1~20 分	20 分	
漏电流异常故障检测及处理	不能根据并网专用断路器异常状态检测结果判断故障原因：扣 1~20 分	20 分	
绝缘阻抗异常故障检测及处理	不能完成断路器故障处理：扣 1~20 分	20 分	
防雷器失效检测及处理	不能完成逆变器输出功率偏低故障检测及处理：扣 1~20 分	20 分	
合计		100 分	

学生自评：

学生签字：　　　　年　　月　　日

教师评价：

教师签字：　　　　年　　月　　日

◆ 任务思考

环境温度对电缆附件的正常运行会产生什么样的影响？

子任务二 光伏电站箱变压器故障检测与处理

任务背景

采用集中式逆变器的大型并网光伏电站一般使用三相双二次绕组结构的箱式变压器,将逆变器输出的交流电变换到适合的电压等级接入电网。三相双二次绕组变压器具备良好的阻抗特性和低电压穿越能力,对于光伏发电系统的安全、稳定、经济运行至关重要。

任务分析

变压器在运行中常见的故障有绕组、套管、分接开关及铁芯、油箱及其他附件的故障等。通过本任务的学习,同学们将学会低压侧绕组接地故障检测及处理。

任务资讯

一、绕组故障

绕组故障主要有匝间短路、绕组接地、相间短路、绕组和引线断线等。

1. 匝间短路

由于绕组导线本身的绝缘损坏产生的短路故障。匝间短路故障的现象是产生匝间短路时,变压器过热油温增高,电源侧电流略有增大;有时油中有"吱吱"声和"咕嘟"声及冒气泡声。匝间短路故障产生的原因是变压器运行长期过载使匝间绝缘损坏。

2. 绕组接地

绕组接地是绕组对接地的部分短路。绕组接地时,变压器油质变坏,长时间接地会使接地相绕组绝缘老化及损坏。绕组接地产生的原因有:雷电大气过电压及操作过电压的作用使线组受到短路电流的冲击发生变形,主绝缘损坏、折断;变压器油受潮后绝缘强度降低。

3. 相间短路

相间短路是指绕组相间的绝缘被击穿造成短路产生相间的短路时,变压器油温剧增,压力释放阀动作。变压器相间短路是由于变压器的主绝缘老化绝缘降低,变压器油击穿电压偏低,或者因其他故障扩大而引起的如绕组的匝间短路和接地故障,由于电弧及熔化的铜(铝)粒子四散飞溅,使事故蔓延,扩大发展为相间短路。

4. 绕组和引线断线

绕组和引线断线时,往往发生电弧使变压器油分解、气化,有时造成相间短路,其原因多是导线内部焊接不良,过热而熔断,或匝间短路而烧断,或短路应力造成的绕组折断。

二、套管故障

变压器套管表面积垢后,在箱变水汽重时造成污染,使变压器高压侧单相接地或相间短路。

三、变压器严重渗漏

变压器运行机油渗漏严重或连续从破损处不断外溢,以致已看不到油位,此时应立即停用变压器,进行补漏和加油。引起变压器渗漏机油的原因有焊缝开裂或密封件失效、运行中受到振动外力冲撞、油箱锈蚀严重而破损等。

四、无励磁分接开关故障

无励磁分接开关弹簧压力不足、滚轮压力不均,接触不良,有效接触面积减小。此外,开关接触处存在油污,接触电阻增大,在运行时将引起分接头接触面烧伤,若引出线连接或焊接不良,当受到短路电流冲击时将导致分接开关发生故障,由于分接开关编号错误,电压调节后达不到预定的要求,导致三相电压不平衡,产生环流,增加损耗,引起变压器故障。分接开关分接头板的相间绝缘距离不够,绝缘材料上有油泥堆积受潮,当发生过电压时,也将使分接开关相间短路发生故障。

五、过电压引起的故障

运行中的变压器受到雷击时,由于雷电的电位很高,将造成变电压器外部过电压;当电力系统的某些参数发生变化时,由于电磁振荡的原因,将引起变压器内部过电压。这两类电压所引起的变压器损坏大多是绕组主绝缘击穿,造成变压器故障。过电压引起的故障一般很少,因为变压器高压侧都装有避雷器保护。

六、铁芯的故障

铁芯故障的大部分原因是铁芯柱的穿心螺杆或铁芯的夹紧螺杆的绝缘损坏,其后果可能是穿心螺杆与铁芯叠片造成两点连接,出现环流引起局部发热,甚至引起铁芯的局部烧毁,也可能造成铁芯叠片局部短路,产生涡流过流,引起叠片间绝缘损坏,使变压器空载损失增大,绝缘油劣化。

运行中的变压器发生故障后,如果判明是绕组或铁芯故障,应吊芯检查,查明原因并处理,经试验合格后,变压器方可投入运行。

七、声音异常

变压器在正常运行时,会发出连续均匀的"嗡嗡"声。如果产生的声音不均匀或有其他特殊的响声,就应视为变压器运行不正常,并可根据声音的不同查找出故障。主要有以下 5 方面故障。

1. 电网发生过电压

电网发生单相接地或电磁共振时,变压器声音会比平常尖锐。出现这种情况时,可结合电压表计的指示进行综合判断。

2. 变压器过载运行

如果变压器内瞬间发出"哇哇"声或"咯咯"的间歇响声,监视测量仪表指针发生摆动,且音调高、音量大,就说明变压器过载运行了。

3. 变压器夹件或螺丝钉松动

如果变压器运行时声音比平常大且有明显的杂音,但电流、电压又无明显异常,则可能是内部夹件或压紧铁芯的螺钉松动,导致硅钢片振动增大。

4. 变压器局部放电

如果变压器运行时发出"吱吱"或"噼啪"声,此时可能是变压器内部局部放电或电接不良,而这种声音会随距离故障点的远近而变化,这时应对变压器马上进行停用检修。

5. 变压器绕组发生短路

如果变压器运行时声音中夹杂着水沸腾声,且温度急剧变化,油位升高,则应判断为变压器绕组发生短路故障,严重时会有巨大轰鸣声,随后可能起火。这时应立即停用变压器并进行检查。

八、温度异常

变压器在负荷和散热条件、环境温度都不变的情况下,较原来同条件时的温度高,并有不断升高的趋势。变压器温度异常升高,与超极限温度升高一样,是变压器故障的表征。

引起温度异常升高的原因:
(1) 变压器匝间、层间、股间短路。
(2) 变压器铁芯局部短路。
(3) 因漏磁或涡流引起油箱、箱盖等发热。
(4) 长期过负荷运行,事故过负荷。
(5) 散热条件恶化等。

运行时发现变压器温度异常,应先查明原因,再采取相应的措施予以排除,把温度降下来;如果是变压器内部故障引起的,应停止运行,进行检修。

任务实施

一、实训材料与工具

钳形数字万用表 10 台,屋顶分布式光伏并网发电站箱变设备。

二、实训步骤

1. 低压侧绕组接地故障检测

故障现象:箱变低压侧断路器进线母排连接螺栓有烧黑痕迹,螺栓松动。

可能原因:箱变低压侧内部存在故障,须开盖检查。

检测方法:检查箱变油温、油位、声音,使用钳形数字万用表检测低压侧电压,测量高压侧熔断器通断触点,测量箱变低压侧相间及对地绝缘,从而判定箱变内部是否存在故障。

2. 低压侧绕组接地故障处理

检测判断箱变低压侧内部存在故障,须返厂维修。返厂开盖检测,低压侧某相绕组出线铜排与支撑夹块间的绝缘纸放电击穿,导致某相母排与铁芯支架的固定螺栓紧贴,形成接地点。应更换绝缘纸进行维修。

三、实训评价

根据表 4-3-2 对学生完成本次工作实训任务的表现进行评价。

表 4-3-2　实训评价表

任务	评价标准	配分	得分
箱变油温、油位、声音检测	不能完成箱变油温、油位、声音检测：扣 1~20 分	20 分	
低压侧电压检测	不能完成低压侧电压检测：扣 1~20 分	20 分	
高压侧熔断器通断触点检测	不能完成高压侧熔断器通断触点检测：扣 1~20 分	20 分	
箱变低压侧相间及对地绝缘检测	不能完成箱变低压侧相间及对地绝缘检测：扣 1~20 分	20 分	
低压侧绕组接地故障判断及处理	不能根据检测结果进行低压侧绕组接地故障判断及处理：扣 1~20 分	20 分	
合计		100 分	

学生自评：

学生签字：　　　　　　　　年　　月　　日

教师评价：

教师签字：　　　　　　　　年　　月　　日

任务思考

断路器合闸后跳闸故障是否可以尝试反复合闸？为什么？

任务四
防雷与接地故障检测与处理

子任务 防雷与接地故障检测与处理

◆ 任务背景

雷电是大气层中的大气或云块在气流作用下产生异性电荷的积累使某处空气被击穿,电荷中和产生强烈的声、光、电的一种物理现象,通常是指带电的云层对大地、云层与云层之间、云层内部的放电现象。这个放电的过程会产生强烈的闪电和巨大的声响,即人们常说的"电闪雷鸣"。雷电会击穿光伏组件的 PN 结和防倒流二极管,甚至会损坏控制器、逆变器和外围连接设备。

◆ 任务分析

由于光伏设备占用空间巨大并暴露安装于屋顶、山地等领域,高度较高,其遭受雷击的概率大大增加,设备损坏甚至组件及线路燃烧的可能性也随之变大。为了确保太阳能光伏发电系统稳定、安全地工作,其防雷避雷问题必须得到解决。通过本任务的学习,同学们将学会防雷与接地故障的检测与处理。

◆ 任务资讯

一、光伏发电系统雷电入侵途径

1. 直击雷

直击雷是指雷雨云对大地和建筑物的放电现象。当直击雷作用在远处或防雷保护区之内的导线或金属管道上时,可以通过导线和金属管道传输到电子设备和太阳电池组件上,由于它有强大的冲击电流、炽热的高温、猛烈的冲击波、强烈的电磁辐射,所以能损坏放电通道上的输电线和电子设备,造成财产损失,甚至击死击伤人畜,造成生命损失(图 4-4-1)。雷击来源如图 4-4-2 所示。

分布式电站太阳能电池板大多安装在室外屋顶或空旷山坡上,雷电很可能直接击中太阳能电池板,造成设备的损坏,从而无法发电(图 4-4-3)。

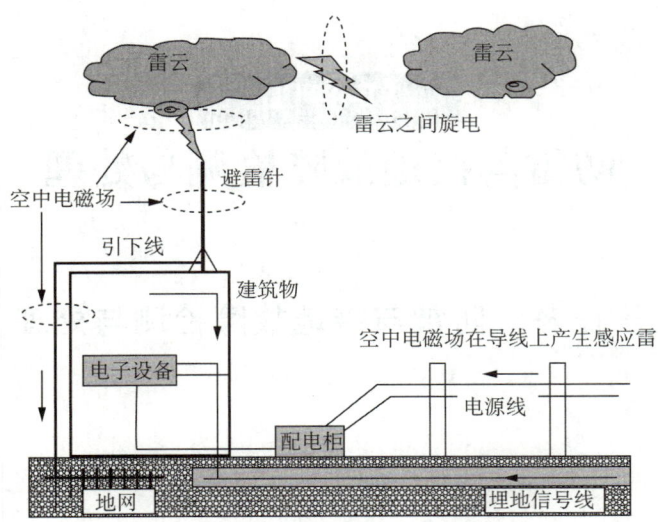

图 4-4-1 直击雷示意图

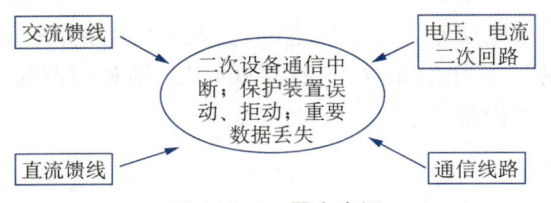

图 4-4-2 雷击来源

图 4-4-3 雷击损坏的设备

2. 感应雷

落到光伏电站附近的建筑物或地面的雷电会导致发电设备接地部分的电势（与基准点相比的某一点的电压）上升，感应电势会导致 PCS 等发电设备内的主电路产生过渡性异常高电压——浪涌电压。当雷云在架空线路（或其他物体）上方时，由于雷云的先导作用,架空线路上感应出先导通道符号相反的电荷。雷云放电时,先导通道中的电荷迅速中和,架空线路上的电荷被释放,形成自由电荷流向线路两端,产生很高的过电压(高压线路可达几十万伏,低压线路可达几万伏)。

而对于分布式电站来说,远处的雷电闪击,电磁脉冲空间传播,会在太阳能电池板与控制器或者是逆变器、控制器到直流负载、逆变器到并网挂箱等供电线路上产生浪涌过电压,损坏电气设备。雷电感应高电压和雷电电磁脉冲的作用范围广,作用方式比较隐蔽,所以其后果往往比直击雷更严重。

感应雷示意图如图 4-4-4 所示。

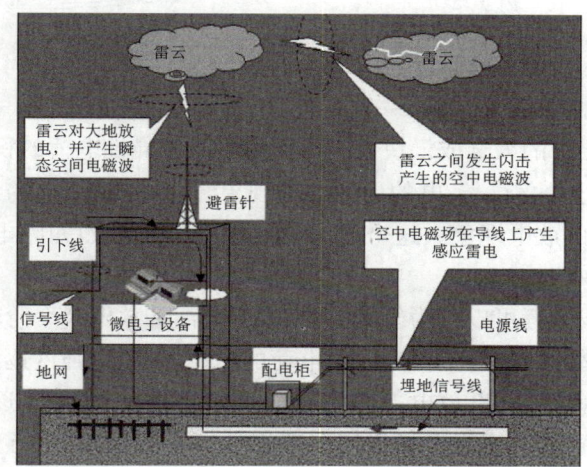

图 4-4-4　感应雷示意图

3. 雷电波侵入

雷电波是由于直击雷或感应雷而产生的,线缆上的雷电波或过电压几乎以光速沿着电缆线路扩散,侵入并危及室内电子设备和自动化控制等各个系统。据统计,供电系统中由于雷电波侵入而造成的雷害事故,在所有雷害事故中占 50% 以上。图 4-4-5 所示为某控制室配电柜遭雷电波侵入而烧毁。

图 4-4-5　烧毁的配电柜

4. 地电位反击

在有外部防雷保护的太阳能供电系统中,由于外部防雷装置将雷电引入大地,导致地网上产生高电压,高电压通过设备的接地线进入设备,从而损坏控制器、逆变器或者是交、直流负载等设备(图4-4-6)。

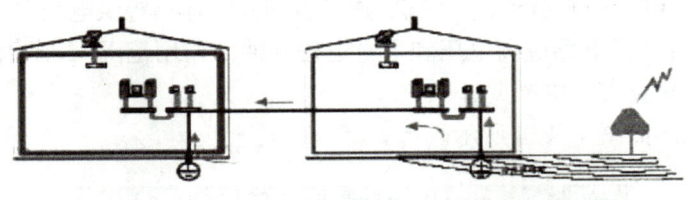

图4-4-6 地电位反击

二、雷电产生的机制

雷电是在大气层中的大气或云块在气流作用下产生异性电荷的积累使某处空气被击穿,电荷中和产生强烈的声、光、电的一种物理现象,通常是指带电的云层对大地、云层与云层之间、云层内部的放电现象。这个放电的过程会产生强烈的闪电和巨大的声响,即人们常说的"电闪雷鸣"。

雷电的发展形成过程可以分为气流上升、电荷分离和放电3个阶段。据测试,对地放电的雷云大多为负雷云。随着负雷云中负电荷的积累,其电场强度逐渐增加,当达到一定强度时开始向下方梯级式跳跃放电,称为下行先导放电;当下行先导逐渐接近地面物体并达到一定距离时,地面物体在强电场作用下产生尖端放电,形成上行先导;上行先导朝着下行先导方向发展,二者会合即形成雷电通道,随之开始主放电,接着是多次余辉放电,天空中出现蜿蜒曲折、枝杈纵横的巨大电弧,形成常见的云对地线状雷电。这种负极性下行先导雷击约占全部对地雷击的85%左右。

三、防雷规范

《电气装置安装工程 接地装置施工及验收规范》(GB 50169—2016)作了如下规定:装有避雷针和避雷线的构架上的照明灯电源线必须采用直埋于土壤中的带金属护层的电缆或穿入金属管的导线、电缆的金属护层或金属管必须接地,埋入土壤中的长度应在10 m以上,方可与配电装置的接地网相连或与电源线、低压配电装置相连接。

如果光伏设备系统安装在具有外部防雷保护系统的建筑物上,则对其基本要求之一是:光伏设备模块要在隔离接闪装置的保护区域内。此外,必须保持光伏设备支架和外部防雷保护系统之间的隔离距离,以防止发生失控的闪弧。否则,可能会有大量的雷电流进入建筑物内部。

业主常常希望整个屋顶都铺上光伏设备模块,以便获得尽可能高的经济利润。在这种情况下,常常无法实现所要求的隔离距离,不得不将光伏设备的支架整合到外部防雷电保护系统中。在此,必须考虑耦合到建筑物内的雷电流所带来的后果,因而必须提供防雷保护-等电位连接。这意味着直流导线中也将有雷电流流经,所以必须实施防雷保护-等电位连接。按照《雷电防护 第三部分:建筑物的实体损害和生命危险》(IEC 62305—3),该直流导线必须由"1级"雷电流保护器(SPD)保护。

屋面光伏发电场以每一栋建筑物为一个单元,分别利用其建筑物原有的接地系统共用一个接地网。每一个单元内的每串光伏组件的金属支架、直流汇流箱和逆变器等电气设备的外露可导电部分均应分别与作接地线用基础安槽钢或工字钢牢固相连,作接地线的每一基础槽钢或工字钢不小于两处与其原建筑接地系统相连,依靠建筑物防雷接地系统的引下线引下与接地体相接实现接地。每一栋建筑物为一个单元的接地电阻不得大于 4 Ω。当原有接地系统的接地电阻不满足要求时,则应在地面下增接地极,并将光伏发电场内每一栋建筑物的接地网在地下相互连接,且应与光伏发电场内的变配电室、升压站和集控室等各处接地网相接,形成一个屋面光伏发电场的总接地网,总的接地电阻不大于 1 Ω。每两栋建筑物接网和各个小单元接地网在地下相互连接处不得小于两处。

雷电是一种常见的自然现象,会对建筑物及电气设备造成严重破坏。在村落光伏电站的防雷设计中,应将外部防雷和内部防雷结合起来,采取有效措施,防止直击雷、感应雷、雷电波对光伏电站的破坏,保证光伏电站长期稳定、安全、可靠地运行。

四、分布式光伏系统防雷接地设计

分布式光伏系统为三级防雷建筑物,防雷和接地设计(图 4-4-7)需要涉及以下 6 个方面[可参考《建筑防雷设计规范》(GB 50057—2010)]。

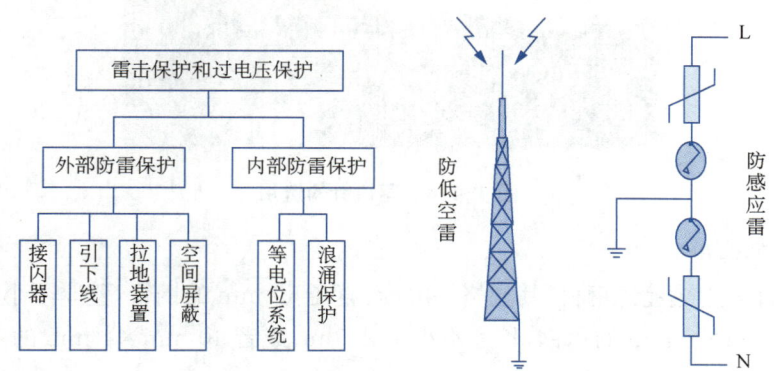

图 4-4-7 防雷和接地设计思路

措施 1:架设避雷针防止低空直击雷;
措施 2:太阳电池方阵支架可靠接地;
措施 3:太阳电池方阵接线箱内,输入、输出处加装防雷器,各机壳均可靠接地;
措施 4:机房设备须可靠接地;
措施 5:控制室进、出线处均增设防雷隔离箱,内装防雷保护器,防止感应雷。

当光伏设备放置在已经建成的建筑物顶部时,应考虑到原有的外部防雷系统。如果光伏设备处于保护范围内,可以不用另加外部防雷系统,反之,则要另加外部防雷系统。避雷针的布置既要考虑光伏设备在保护范围内,又要尽量避免阴影投射到光伏组件上。

良好的接地使接地电阻减小,才能把雷电流导入大地,减小的电位、各接地装置都要通过接地排相互连接以实现共地,防止地电位反击。独立避雷针应设独立的集中接地装置,接地电阻必须小于 4 Ω。固定的金属支架大约每隔 10 m 连接至接地系统。太阳能光伏发电设备和建筑的接地系统通过镀锌钢相互连接,在焊接处也要进行防腐防锈处理,这样既可以减小总接地电阻,又可以通过相互网状交织连接的接地系统形成一个等电位面,显著减小雷电在各地线之间所产生的过电压。

防雷接地系统的材料选用主要包括以下5个方面。

1. 避雷针选用

避雷针一般选用直径12～16 mm的圆钢,如果采用避雷带,则使用直径不低于8 mm的圆钢或厚度不小于4 mm的扁钢。

避雷针高出被保护物的高度应大于等于避雷针到被保护物的水平距离,避雷针越高保护范围越大(图4-4-8)。

图 4-4-8　避雷针的选用

2. 接地体选用

接地体宜采用热镀锌钢材,其规格一般为:直径50 mm的钢管,壁厚不小于3.5 mm;50 mm×50 mm×5 mm的角钢,长度不小于2.5 m;或者40 mm×4 mm的扁钢,长度一般为2.5～4 m(图4-4-9)。

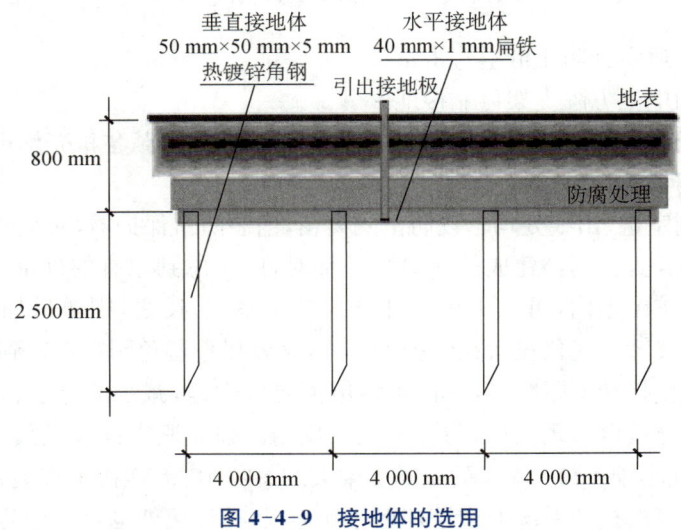

图 4-4-9　接地体的选用

扁钢接地体的水平埋设深度不小于 0.5 m,角钢垂直埋深不小于 2.5 m。连接焊接过的部位要重新做防腐防锈处理。

3. 引下线选用

引下线宜采用热镀锌圆钢或扁钢,宜优先采用圆钢,直径不小于 8 mm;如用扁钢,厚度应不小于 4 mm(图 4-4-10)。

要求较高的要使用截面积为 35 mm^2 的双层绝缘多股铜线。

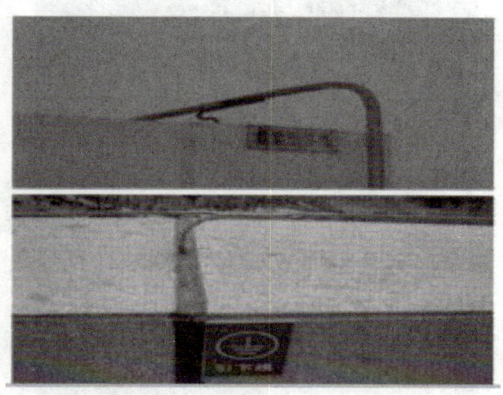

图 4-4-10　引下线的选用

4. 等电位连接

组件铝边框与镀锌支架或铝合金支架都做了镀层处理,仅仅通过压块的压接满足不了接地要求,只有组件的接地孔连接到支架上才算组件有效接地。因此在这些位置必须建立外部防雷系统和金属光伏组件之间的直接等电位连接(图 4-4-11)。

图 4-4-11　等电位连接

5. 浪涌保护器

通过在带电电缆上安装浪涌保护器,可以减少电涌和雷电过电压对设备造成损坏(图 4-4-12)。所以光伏系统需要采取以下防护措施:

（1）在逆变器的直流输入端和交流输出端加设浪涌保护装置。

（2）在并网接入配电箱（配电柜）中安装浪涌保护器，以防雷电波沿连接电缆侵入。为防止浪涌保护器失效时引起电路短路，必须在浪涌保护器前端串联一个断路器或熔断器，该断路器（熔断器）的额定电流不能大于浪涌保护器产品说明书推荐的过电流保护器的最大额定值。

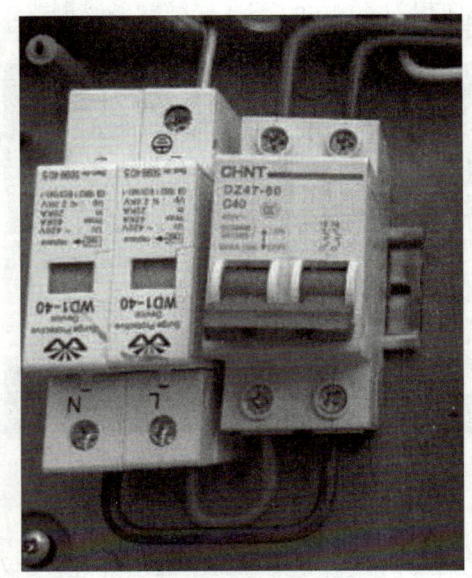

图 4-4-12　浪涌保护器

任务实施

一、实训材料与工具

钳形数字万用表 10 台，屋顶分布式光伏并网发电站防雷设备。

二、实训步骤

1. 检查光伏接地系统与建筑结构钢筋的连接是否可靠。
2. 检查光伏组件、支架、电缆金属铠装与屋面金属接地网格的连接是否可靠。
3. 检测光伏方阵与防雷系统共用接地线的接地电阻是否符合相关规定。
4. 检查光伏方阵的监视、控制系统、功率调节设备接地线与防雷系统之间的过电压保护装置功能是否有效，其接地电阻是否符合相关规定。
5. 异常情况处理。

三、实训评价

根据表 4-4-1 对学生完成本次工作实训任务的表现进行评价。

表 4-4-1　实训评价表

任务	评价标准	配分	得分
检查光伏接地系统与建筑结构钢筋的连接是否可靠	不能有效检查光伏接地系统与建筑结构钢筋的连接是否可靠：扣 1～20 分	20 分	
检查光伏组件、支架、电缆金属铠装与屋面金属接地网格的连接是否可靠	不能有效检查光伏组件、支架、电缆金属铠装与屋面金属接地网格的连接是否可靠：扣 1～20 分	20 分	
检测光伏方阵与防雷系统共用接地线的接地电阻是否符合相关规定	不能完成光伏方阵与防雷系统共用接地线的接地电阻的检测：扣 1～20 分	20 分	
检查光伏方阵的监视、控制系统、功率调节设备接地线与防雷系统之间的过电压保护装置功能是否有效，其接地电阻是否符合相关规定	不能完成光伏方阵的监视、控制系统、功率调节设备接地线与防雷系统之间的过电压保护装置功能检测、接地电阻的检测：扣 1～20 分	20 分	
异常情况处理	不能对防雷设备异常情况进行处理：扣 1～20 分	20 分	
合计		100 分	
学生自评：			
	学生签字：	年　月　日	
教师评价：			
	教师签字：	年　月　日	

◆ 任务思考

分布式光伏电站建设中，工商业项目和户用项目在防雷设计方面有什么不同之处？

项目五

光伏电站运行与维护实训案例

 项目目标

素质目标

1. 培养学生的沟通能力及团队协作精神；
2. 培养学生分析问题、解决问题的能力；
3. 培养学生勇于创新、敬业乐业的工作作风；
4. 培养学生的质量意识、安全意识。

知识目标

1. 掌握 RETScreen 软件的使用方法；
2. 掌握 PVsyst 软件的使用方法；
3. 掌握光伏电站并网的原理；
4. 掌握光伏电站的维护与效益；
5. 掌握光伏电站运维各环节的运维标准。

能力目标

1. 能够完成电站的日常维护工作；
2. 能够对光伏系统的常见故障进行排除；
3. 能够对电池组件进行正确的选取与更换。

项目五　光伏电站运行与维护实训案例

项目导图

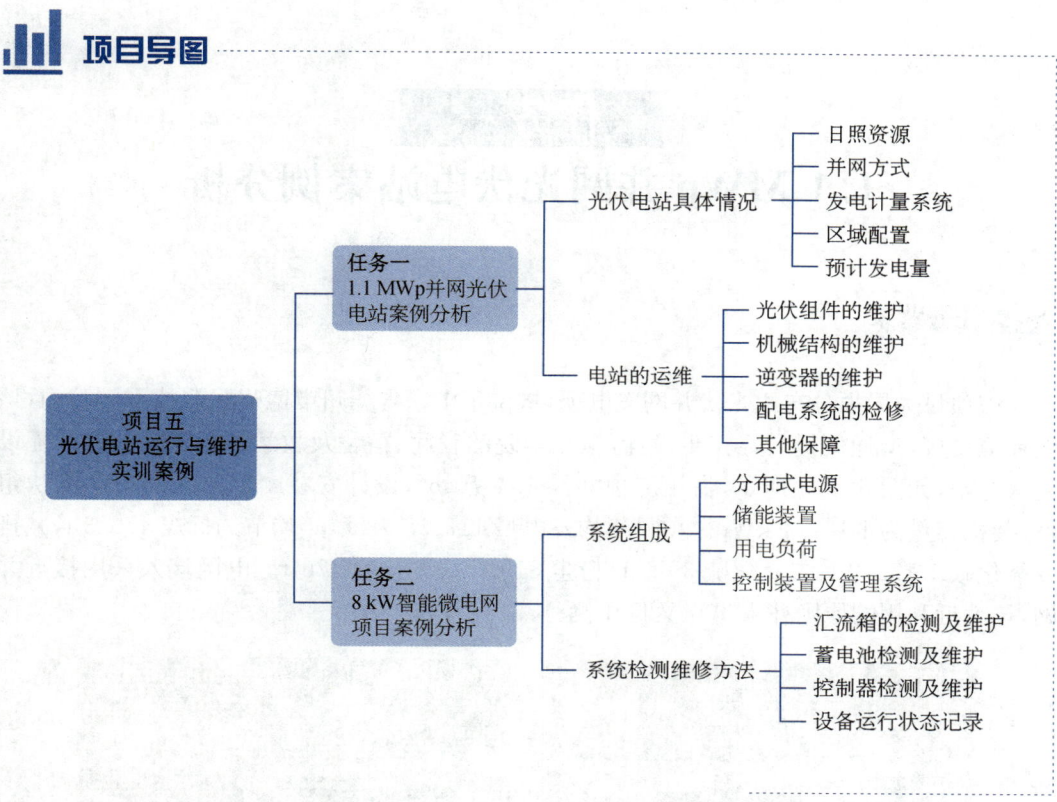

任务一
1.1 MWp 并网光伏电站案例分析

任务背景

该项目为屋顶分布式光伏并网发电项目,位于山东省德州市德州职业技术学院内,该地环境良好,交通便捷。经初步设计,拟在学院的餐厅、宿舍及教学楼等建筑的楼顶建设光伏电站,如图 5-1-1 所示,占用屋顶共计 1.4 万 m^2,设计安装 4 240 块 260 W 光伏组件,装机容量为 1 102.4 kWp。项目年均发电量 117.58 万度,年均节约标煤 470.3 t,减排二氧化碳 1 172.2 t、二氧化硫 35.6 t、粉尘 319.8 t、氮化物 176 t。电网接入采用接近并网,按就近利用的原则并入 400 V 低压侧。

图 5-1-1 楼顶光伏电站

任务分析

一般光伏电站供电线路相对较长,发电设备分布广,电站运营效率和效果将直接影响光伏电站的运行稳定性及发电量,因此光伏电站运行和维护人员应具备与自身职责相应的专业技能,以实现电站的高效运行。

任务资讯

一、日照资源

(1) 利用 RETScreen 软件查询德州地区日照资源情况(图 5-1-2)。

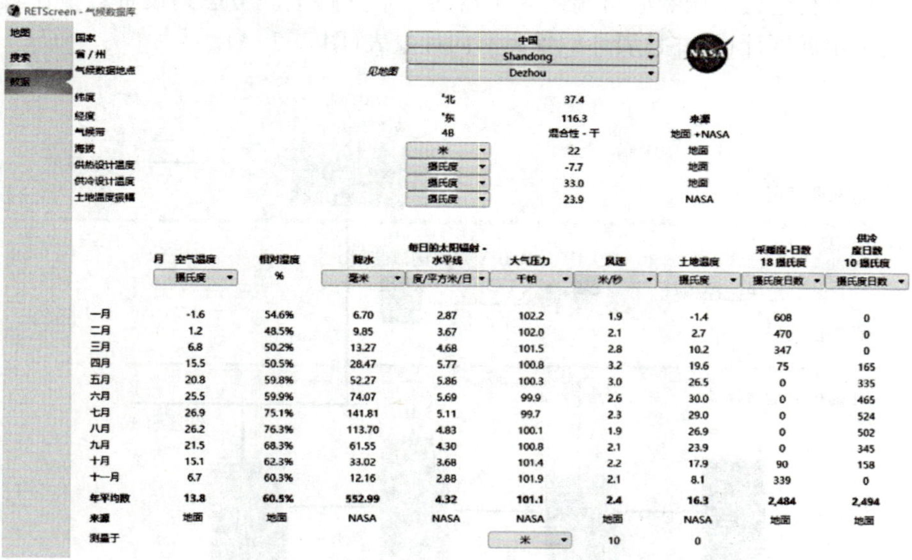

图 5-1-2 日照资源情况

德州地区开发利用太阳能有着非常有利的自然条件。对德州市太阳能资源的普查表明，德州地区日均太阳能辐射量达到 4.32 kW·h/(m^2·d)。并且，德州市各地太阳能资源很稳定，这为光伏电站的建设提供了极为有利的自然条件。

（2）利用 PVsyst 软件查询德州地区安装光伏组件最佳倾斜角度（图 5-1-3）。

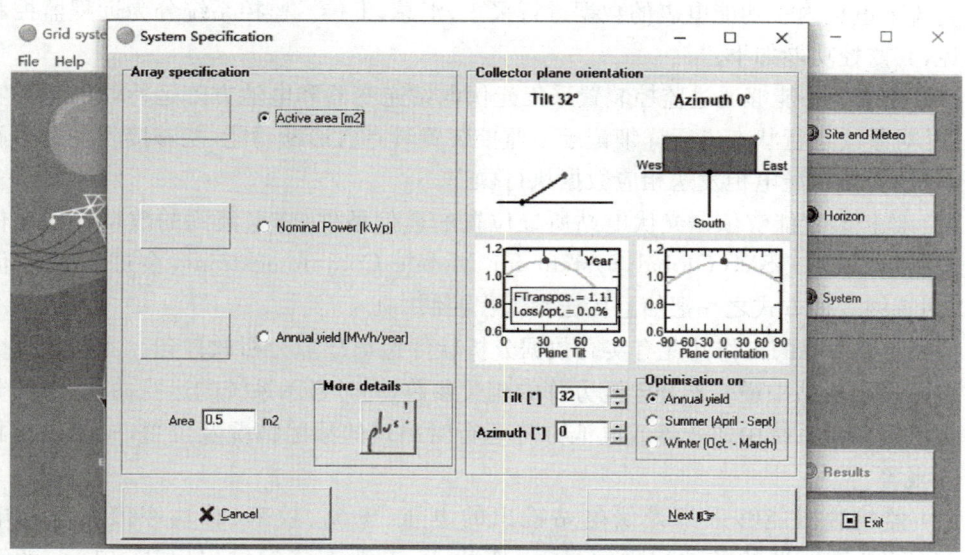

图 5-1-3 最佳倾斜角度

通过软件模拟计算，同时考虑电站最大装机容量，将组件倾斜角度设计为 32°。

二、并网方式

本项目为太阳能发出电能，经逆变器逆变后直接接入 400 V 低压侧配电网，即所发电直接接到建筑物电力变压器输出端或变压器的一个支路上。考虑到设备容量比较小,故计量方式采用低压计量,并且表计配置为双向计量表(图 5-1-4)。

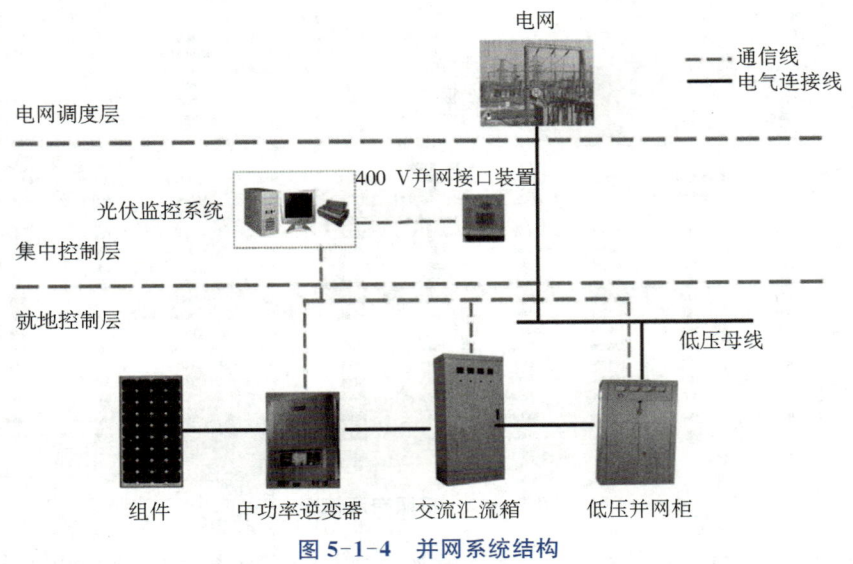

图 5-1-4　并网系统结构

三、发电计量系统

电站以独立建筑的屋顶为单位,每个屋顶安装成套系统。每个系统配有计量月的多功能电表的交流配电柜,光伏发电系统的整体计量采用 485 数据线和无线通信等方式对每个交流配电柜内多功能电表的数据进行采集、汇总、上传。监控系统分为远程监控和现场监控,其监控功能如下:

(1) 控制中心能够通过监控装置采集光伏电站逆变器和电池方阵运行时的相关实时数据,并对系统运行状态进行详细记录。监控装置具有自诊断功能,能够接收控制中心的指令,对逆变器和配电柜发送相应数据执行操作。

(2) 监控装置能够依据光伏电站所处位置的通信条件,将采集到的数据或状态信息通过调制解调器、GSM(Global System for Mobile Communications,全球移动通信系统)或因特网 3 种方式之一把信息传送到远程控制中心。

(3) 监控中心的工作站配有实时数据分析软件包与故障分析软件包。实时数据分析软件包可显示电站中逆变器和电池方阵的相关参数,同时显示系统的运行曲线;故障分析软件包可判断出系统中逆变器或电池方阵运行时出现的故障情况及位置,同时发出相应的声光报警。

(4) 监控装置能够采集光伏电站输出的电压、电流、频率、总功率值和三相电压的不平衡度,逆变器的各种故障信息、工作状态,电池方阵的输出电压、电流;能够存储装置的采集数据和逆变器的故障信息,支持人工查阅,并能以数据报表的形式打印出来。

四、区域配置

区域配置见表 5-1-1。

表 5-1-1　各楼顶装机容量与数量

名称	区域	面积(m^2)	组件数量(块)
博学楼楼顶	博学楼 A 座	4 750	1 640
	博学楼 B 座		
	连廊(四栋)		
思齐楼楼顶	思齐楼	1 500	520
知行楼楼顶	知行楼 3 栋含连廊(约数)	2 270	780
共计			2 940
生活区宿舍楼顶	生活区 1 号-3 号宿舍(590×3)	1 770	1 320
	生活区 4 号-5 号宿舍(260×2)	720	
	生活区 6 号-7 号宿舍(520×2)	1 040	
	生活区 12 号宿舍	310	
总计			4 260

五、预计发电量

根据项目所在地日照情况可推算出系统的年发电量＝系统总安装容量(峰值总功率)×每天平均太阳标准辐照时数×系统总转换效率×365 天,即:

$$1\ 102.4\ kW \times 4.32 \times 0.78 \times 365 = 135.6\ MkW \cdot h$$

◆ 任务实施

一、实训材料与工具

电工用安全帽、钳形数字万用表、绝缘手套、工具箱、红外热成像仪、清扫工具、常用标识牌若干。

二、实训步骤

本任务四人一组,根据下列步骤完成实训。

1. 光伏组件的维护

太阳能光伏发电的影响因素包括:天气状况、大气质量、太阳能光伏组件表面的灰尘及空气中的油渍颗粒等。由于太阳能光伏组件存在热斑效应,会大大降低系统的发电量,同时也会缩短光伏组件的使用寿命,所以必须对组件表面进行清洁。

光伏组件表面油渍颗粒的清洗，一般用清水加特定清洁剂进行冲洗。其中，清洁剂禁止选用化学用品和对玻璃有腐蚀性的碱性试剂，以防腐蚀组件表面的玻璃及组件周围其他涂料层。清洗的同时要避免太阳能电池板接线盒进水而引起短路和接地故障。

(1) 组件清洗维护。当光伏方阵输出低于初始状态（上一次清洗结束时）输出的85%时，应进行清洗维护。清洗注意事项如下：

① 清洗工具：柔软洁净的布料。

② 清洗液体：与组件温差相似。

③ 气候条件：风力大于4级，大雨、大雪等气象条件禁止清洗。

④ 清洁时间：没有阳光的时间或早晚。光伏组件被阳光晒热的情况下用冷水清洗会使玻璃盖板破裂。

(2) 组件定期检查及维修。检查维修项目包括：组件边框、玻璃、电池片、组件表面、背板、接线盒、导线、铭牌、光伏组件上的带电警示标志、边框和支撑结构、其他缺陷等。

若发现下列问题应立即调整或更换光伏组件：

① 光伏组件存在玻璃破碎、背板灼焦、明显的颜色变化现象。

② 光伏组件中存在与组件边缘或任何电路之间形成连通通道的气泡。

③ 光伏组件接线盒变形、扭曲、开裂或烧毁，接线端子无法良好连接。

(3) 组件定期测试。测试内容包括：绝缘电阻、绝缘强度、组件I-V特性、组件热特性。

2. 机械结构的维护

机械结构的维护主要包括阵列、组件支架、并网系统路由桥架和钢管的维护。在每年春秋末期雨雪季节来临前，要求对支架固定系统进行防腐和防锈养护，同时要检查紧固件是否松动和脱落。防腐和防锈主要是在钢材表面及紧固件涂抹防锈物剂，钢材表面一般要除锈并涂抹防锈漆，紧固件一般要涂抹黄油等油物，方便日后维修的拆卸。

(1) 阵列定期检查及维修。检查维修项目包括：光伏方阵整体、受力构件、连接构件和连接螺栓、金属材料的防腐层、预制基座、阵列支架、等电位连接线、接地可靠性、其他缺陷等。

(2) 阵列定期测试。光伏阵列应满足以下要求：

① 光伏方阵整体不应有变形、错位、松动等现象。

② 用于固定光伏方阵的植筋或后置螺栓不应松动，采取预制基座安装的光伏方阵，预制基座应放置平稳、整齐，位置不得移动。

③ 光伏方阵的主要受力构件、连接构件和连接螺栓不应损坏、松动，焊缝不应开焊，金属材料的防锈涂膜应完整，不应有剥落、锈蚀现象。

④ 光伏方阵的支承结构之间不应存在其他设施；光伏系统区域内严禁增设对光伏系统运行及安全可能产生影响的设施。

(3) 机械强度测试。测试方法为：对光伏阵列支架及光伏组件边框最不利位置的最不利方向施加 250 N 的力维持 10 s,连续 5 次测试后阵列不能出现松动、永久变形、开裂或其他形式的损坏。

3. 逆变器的维护

运维人员可以根据逆变器的监测显示是否有错误的显示信息来判断其工作正常与否;运维人员在开始工作之前,应仔细观察逆变器及全部设备的工作情况。逆变器的运行与维护应符合下列规定:

(1) 逆变器结构和电气连接应保持完整,不应存在锈蚀、积灰等现象。散热环境应良好,逆变器运行时不应有较大振动和异常噪声。

(2) 逆变器上的警示标志应完整无破损。

(3) 逆变器中模块、电抗器、变压器的散热器风扇根据温度自行启动和停止的功能应正常,散热风扇运行时不应有较大振动及异常噪声,如有异常情况应断电检查。

(4) 定期将交流输出侧(网侧)断路器断开一次,逆变器应立即停止向电网馈电。

(5) 逆变器中直流母线电容温度过高或超过使用年限,应及时更换。

4. 配电系统的检修

配电系统的检修包括:

(1) 配电线路的检修,检测线路是否存在绝缘破损漏电现象;检查线路端线接线是否存在松动现象。

(2) 配电电器的检测,检测配电系统直流断路器、交流断路器、避雷器和保险是否有烧毁损坏现象,并根据说明书对其各项电气参数进行检测。

(3) 检测系统接地,检测直流系统、交流系统和逆变器系统是否可靠接地,系统及箱体接地电阻不得小于 4 Ω。

5. 其他保障

电站是在原有建筑物基础上进行施工建筑、不会破坏原有建筑的结构,在建设过程中使用的混凝土基础都是在原有建筑基础上做好防水保护之后进行安装,以保证原建筑物的完整。因此,运维人员须对原建筑墙体进行检查,减少强光、雨水等自然因素对原建筑的影响,保障建筑物的使用寿命。

三、实训评价

根据表 5-1-2 对学生完成本次工作实训任务的表现进行评价。

表 5-1-2 实训评价表

任务	评价标准	配分	得分
光伏组件的维护	(1) 未完成组件的清洗:扣 1~5 分 (2) 未完成组件的检查维修:扣 1~5 分 (3) 未完成组件绝缘电阻、I-V 特性等参数的测试,并记录数据:扣 1~10 分	20 分	
机械结构的维护	(1) 未完成组件阵列的检查及维修:扣 1~10 分 (2) 未完成阵列定期测试:扣 1~10 分 (3) 未完成光伏阵列支架机械强度测试:扣 1~5 分	25 分	
逆变器的维护	(1) 未检查逆变器的外观及运行是否平稳:扣 1~5 分 (2) 未检查各模块能否根据温度完成自动启停:扣 1~10 分 (3) 未完成交流测断路器的关断测试:扣 1~10 分	25 分	
配电系统的检修	(1) 未检测线路端子是否松动、是否有漏电现象:扣 1~10 分 (2) 未检测配电系统直流断路器、交流断路器、避雷器和保险是否有烧毁损坏现象等:扣 1~15 分	25 分	
其他保障	未完成原建筑检测:扣 1~5 分	5 分	
合计		100 分	

学生自评:

学生签字:　　　　　年　　月　　日

教师评价:

教师签字:　　　　　年　　月　　日

任务思考

如果你是光伏电站的工作人员,你将如何制订维护计划?

任务二
8 kW 智能微电网项目案例分析

任务背景

该案例为德州职业技术学院智能微网与并网技术综合应用实训室,配备了光伏发电并网实训系统、光伏发电跟踪系统、水平户外风力发电系统、铅酸电池储能及管理系统、微电网储能双向变流系统、微电网快速隔离开关系统、微电网能量管理控制系统、微电网测控保护系统、模拟负荷投切控制系统、室外气象监测系统、SCADA(Supervisory Control And Data Acquisition,数据采集与监视控制)、远程微电网电力监控调度系统、交直流辅助供电系统、监控视频及主控台集中控制系统、高端智能微电网综合检测系统。除满足专业课程一体化教学、课程设计和毕业设计之外,亦是专业教师科研及学生技能大赛训练的平台。

任务分析

智能微电网系统将风电、光伏、储能等现代化的装置并联在一起,内部电源则采用了分布式,与传统的集中式电源相比,不仅使大电网的电荷压力大大降低,而且还提高了电网的可靠性。通过本任务的学习,同学们将学会智能微电网的相关控制技术。

任务资讯

智能微电网是指由分布式电源、用电负荷、配电设施、监控和保护装置等组成的中小型发、配、用、输电力网系统(很多设计中还含有储能装置),主要由分布式电源、储能装置、用电负荷、控制装置及管理系统5个部分组成。

根据建设目的和现场环境不同,微电网存在2种典型的运行模式,正常情况下微电网与常规配电网并网运行,称为联网模式;当检测到电网故障或电能质量不满足要求时,微电网将及时与电网断开而独立运行,称为孤岛模式。二者之间的切换必须平滑而快速。微电网相对于外部大电网表现为单一的受控单元,并可同时满足用户对电能质量和供电安全等方面的要求。微电网内部的电源主要由电力电子器件负责能量的转换,并提供必要的控制。

一、分布式电源

1. 5 kW 光伏发电并网系统

光伏发电并网系统由光伏组件、组件支架、光伏并网逆变器、开关、避雷器、仪表、触摸屏监测系统和配电柜体等构成(图5-2-1)。组件方阵在有光照的情况下将太阳能转换为电能,通过光伏并网逆变器将光伏发出的直流电逆变成与电网频率、幅值和相位一致的交流电并馈入低压电网,实现并网发电。

图5-2-1　5 kW光伏发电并网系统

2. 1 kW光伏发电跟踪并网系统

双轴自动跟踪装置可自动定位和跟踪太阳光,通过水平和垂直2个电机轨道调整光伏电池板的朝向,使其始终保持与太阳的最佳角度,从而极大地提高光伏发电的效率,当太阳位置和照射角度变化时,光伏电池板可以自动调整姿态,跟踪阳光射入方向,双轴自动跟踪装置可有效提高阳光利用率,最高可达46%。光伏并网发电双轴自动跟踪系统由室外太阳能电池阵列、双轴跟踪电池板支架、传感器、限位器、传动电机、并网发电系统柜和电缆等组成,并网发电系统柜由PLC、交流接触器、工业触摸屏、指示灯、急停按钮、光伏并网逆变器、直流浪涌防雷器、开关电源、微断、接线端子等组成(图5-2-2)。

图5-2-2　1 kW光伏发电跟踪并网系统

3. 2 kW风力发电并网系统

风力并网系统由风力发电机、塔架、风机卸荷装置、并网逆变器、仪表、触摸屏监测系统等构成(图5-2-3)。风力发电机通过风力带动风车叶片旋转,将风能转换成机械能,再通过发电机将机械能转换成频率与幅值变化的电能。风机整流装置将风机输出的不稳定三相电进行整流接入并网逆变器,逆变成与电网频率、幅值和相位一致的交流电并馈入低压电网,实现并网发电。

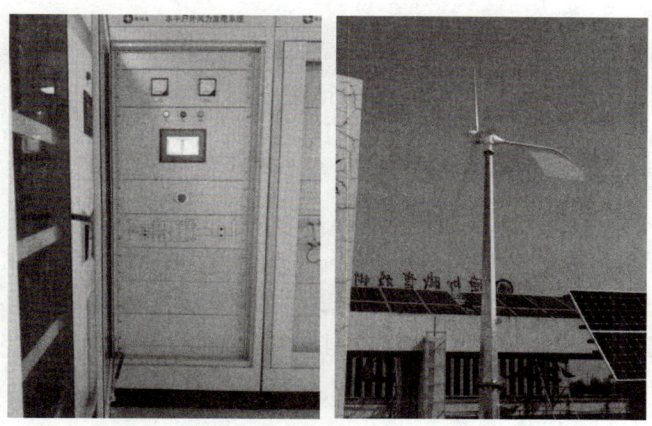

图 5-2-3　2 kW 风力发电并网系统

二、储能装置

1. 铅酸电池储能及管理系统

铅酸电池储能及管理系统(图 5-2-4)可实时观察柜体内部蓄电池组的情况。系统柜包含触摸屏、胶体电池组、BMM(Battery Management Model,电池监测模块)、BMS(Battery Management System,电池管理系统)等软硬件系统。BMS 可实时监测蓄电池组的电压电流和各单体电池的电压、内阻及柜内温度等参数。通过 RS485 与触摸屏通信可实时显示、查询各电池组的各项参数,并具备报警功能。同时通过 CAN 通信连接双向变流系统,可实现充、放电管理。

图 5-2-4　铅酸电池储能及管理系统

2. 储能双向变流系统

储能双向 AC/DC 变流器是控制电能在交流母线和直流母线之间双向流动的装置,是直流微网或直流变流器与交流电网连接的桥梁。在智能电网或微电网系统中的储能双向变流器能有效调控电力资源,能很好地平衡昼夜及不同季节的用电差异,调剂余缺,保障电网安全,是可再生能源应用的重要前提和实现电网互动化管理的有效手段。

三、用电负荷

负荷是微电网系统的重要组成部分,负荷的特性、容量以及组成结构是微电网系统设计的重要依据,模拟负荷的投切可以方便模拟微电网系统的带载特性、电能质量、能量管理和继电保护功能。

四、控制装置及管理系统

1. SCADA 远程微电网电力监控调度系统

SCADA 远程微电网电力监控系统(图 5-2-5)由工业控制计算机和远程监控软件组成。监控软件通过以太网连接中央通信与管理控制器,远程对各终端设备进行实时遥测、遥信、遥控和遥调,实现微电网的智能化控制与管理,有效调节微电网的电能质量和功率平衡调度。

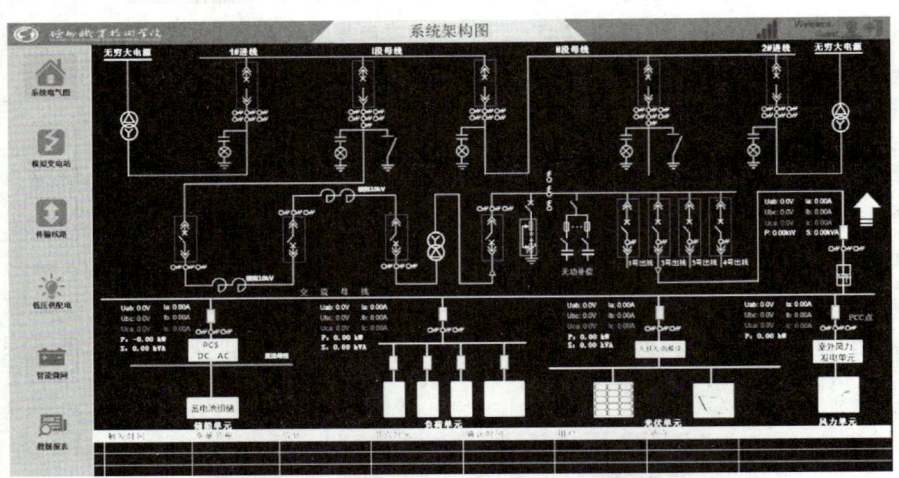

图 5-2-5　SCADA 远程微电网电力监控系统

2. 交直流辅助供电系统

交直流辅助电源供电系统可以在市电和微电网同时断电时(一般情况下,这两个事件同时出现的概率极低),通过蓄电池存储的能量直接或经逆变供电给微电网控制系统,保障控制系统在一定时间内正常工作。交直流辅助供电系统使微电网系统更可靠、安全、稳定地运行。

3. 微电网能量管理控制系统

微电网能量管理控制系统保护器可实时监测线路中的电压、电流、频率、零序电流等参数,在线进行欠过压、过流、缺相、频率异常、漏电等实时报警或故障关断保护,并实时采集微电网中的各项参数,与 PLC 连接实现微电网智能化继电保护控制和能量均衡管理。

 **任务实施**

一、实训材料与工具

电工用安全帽、钳形数字万用表、绝缘手套、温度计、工具箱、常用标识牌若干。

二、实训步骤

本任务四人一组,根据下列步骤完成实训。

1. 汇流箱的检测维修

(1) 直流汇流箱不得存在变形、锈蚀现象。

(2) 直流汇流箱内各个接线端子不应出现松动、锈蚀现象。

(3) 直流汇流箱内保险丝的规格应符合最大量程设计。

(4) 直流输出母线的正极对地、负极对地的绝缘电阻应大于 2 Ω。

(5) 直流输出母线端配备的直流断路器,其分断功能应灵活、可靠。

(6) 检测维修项目:汇流箱的结构及安装是否牢固、电气连接及元件安装是否牢固。

(7) 测试项目:机械强度、绝缘电阻、显示功能、通信功能、机柜温度。

2. 蓄电池检测及维护(适用于离网系统)

(1) 蓄电池室温度宜控制在 5~25 ℃,通风措施应运行良好。在气温较低时,应对蓄电池采取适当的保温措施。

(2) 蓄电池在使用过程中应避免过充电和过放电。

(3) 蓄电池表面应保持清洁,如出现腐蚀漏液、凹瘪或鼓胀现象,应及时更换电池。

(4) 蓄电池单体间连接螺钉应保持紧固。

(5) 检测电池电量,若遇连续多日阴雨天,造成蓄电池充电不足,应停止或缩短对负载的供电时间。

(6) 应定期对蓄电池进行均衡充电,一般每季度要进行 2~3 次。若蓄电池组中单体电池的电压异常,应及时处理。

(7) 对停用时间超过 3 个月的蓄电池,应补充充电后再投入运行。

3. 控制器检测及维护

(1) 控制器各接线端子不得出现松动、锈蚀现象。

(2) 更换控制器内的直流熔丝的规格应符合设计规定。

(3) 直流输出母线的正极对地、负极对地、正负极之间的绝缘电阻应大于 2 Ω。

4. 设备运行状态记录

(1) 填写电站巡检及维护记录。

(2) 填写运行状态记录。

(3) 填写设备检修、更换记录。

(4) 填写事故处理记录。

(5) 填写防雷器、熔断器动作记录。

(6) 填写逆变器自动保护动作记录。

(7) 填写开关、继电器保护及自动装置动作记录。

三、实训评价

根据表 5-2-1 对学生完成本次工作实训任务的表现进行评价。

表 5-2-1　实训评价表

任务	评价标准	配分	得分
汇流箱的检测维修	(1) 未完成直流汇流箱外形及内部端子的检查：扣 1~10 分 (2) 未完成直流汇流箱保险丝、绝缘电阻、断路器等器件的检查：扣 1~10 分 (3) 未完成直流汇流箱机械强度、通信功能的测试：扣 1~10 分	30 分	
蓄电池检测及维护	(1) 未完成蓄电池室使用环境与电池单体的检查：扣 1~15 分 (2) 未完成电池电量的检测并均衡充电：扣 1~15 分	30 分	
控制器检测及维护	(1) 未完成控制器各接线端子的检查：扣 1~10 分 (2) 未完成控制器内直流熔丝的检查：扣 1~10 分 (3) 未完成直流输出母线绝缘电阻测试：扣 1~10 分	30 分	
设备运行状态记录	未完成设备运行状态记：扣 1~10 分	10 分	
合计		100 分	

学生自评：

学生签字：　　　　年　月　日

教师评价：

教师签字：　　　　年　月　日

任务思考

如果你是智能微网的设计者，你还将从哪方面提高电站的智能化程度？

参 考 文 献

[1] 张清小,葛庆.光伏电站运行与维护[M].2版.北京:中国铁道出版社,2019.

[2] 付新春,静国梁.光伏发电系统的运行与维护[M].北京:北京大学出版社,2015.

[3] 孙邦伍.光伏电站优化运维技术研究[D].南京:南京理工大学,2019.

[4] 赵锋锋.分布式光伏电站的消防安全评价研究[D].上海:上海应用技术大学,2019.

[5] 莫继才.光伏电站运维及故障典型案例分析[M].北京:中国电力出版社,2020.

[6] 李春来.大规模光伏发电站建设与运行维护[M].北京:中国电力出版社,2018.

[7] 王东,张增辉,江祥华.分布式光伏电站设计、建设与运维[M].北京:化学工业出版社,2018.

[8] 郭晨,孙子元,叶志江,等.太阳能光伏电站运行维护与管理的探讨[J].中国标准化,2019,(02):241-242.

[9] 梁志华,安宁.太阳能光伏电站运行维护与管理要点分析[J].现代工业经济和信息化,2020,10(08):108-109.

[10] 王盛强,齐英新,邢佳.光伏并网电站运行与维护管理[J].科技创新与应用,2021,11(17):179-181.

[11] 刘新春.浅谈大型光伏并网电站的运行与维护[J].可再生能源,2012,30(05):125-126.

[12] 马强.浅谈10 MW光伏并网电站运行维护[J].传播力研究,2018,(20):240-241.

[13] 王继凯.运行维护管理机制在光伏电站中的应用[J].城市建设理论研究(电子版),2018,(12):25+188.

[14] 刘继茂.光伏系统施工中不可或缺的工具——钳形数字万用表[EB/OL].(2018-01-26)[2022-04-27].https://baijiahao.baidu.com/s?id=15904826829933171213&wfr=spider&for=pc.

[15] 固德威GOODWE.交流汇流箱技术参数详解[EB/OL].(2018-03-16)[2022-10-21].https://baijiahao.baidu.com/s?id=15948020226693180255&wfr=spider&for=pc.